彩图 6　湿帘

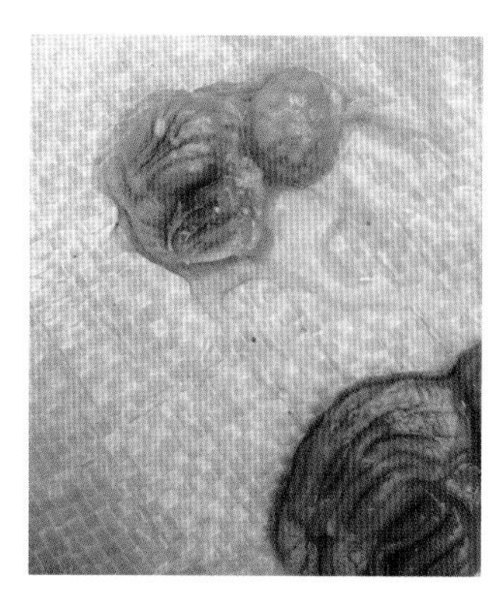

彩图 7　鸡腺胃炎、肌胃炎

彩图 8　大门口消毒池

彩图 9　自动清粪

彩图 10　传染性喉气管炎（喉头堵塞）

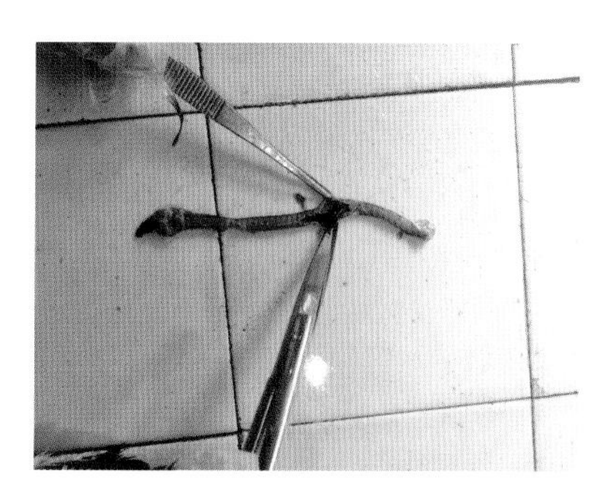

彩图 11　传染性喉气管炎
（气管内有出血条）

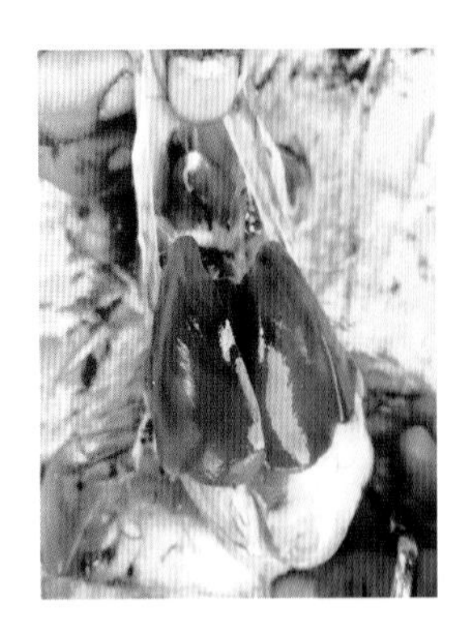

彩图 12　鸡伤寒（青铜肝）

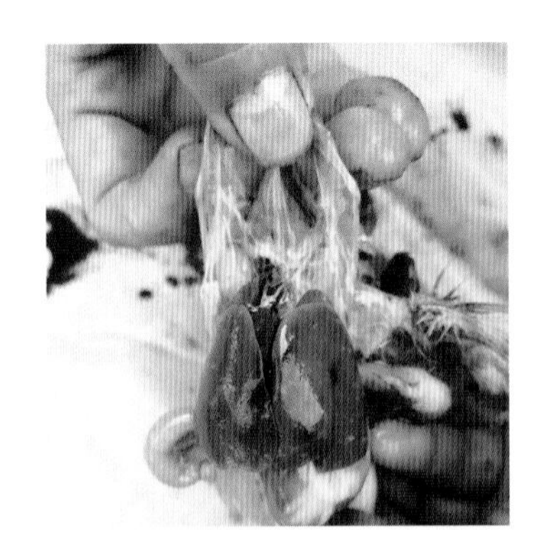

彩图 13　鸡伤寒（青铜肝，肝表面有灰白色坏死点）

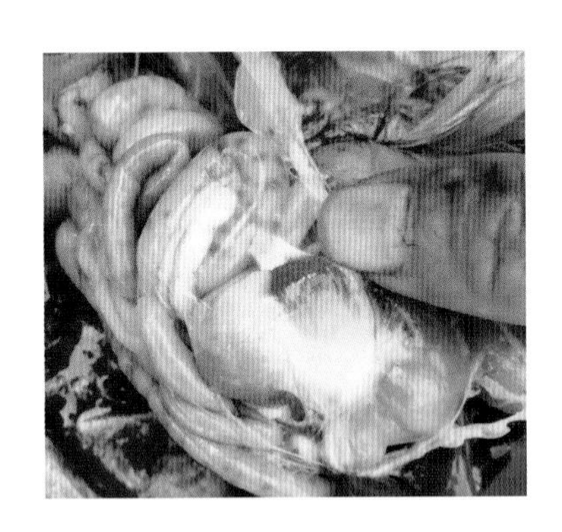

彩图 14　鸡球虫病（小肠浆膜可见出血斑）

彩图 15　鸡场地势高燥

彩图 16　鸡场绿化

怎样提高 蛋鸡养殖效益

张丁华　编著

机 械 工 业 出 版 社

本书以提高蛋鸡养殖经济效益为核心，内容共分12章，从我国蛋鸡生产现状、存在的问题及趋势入手，详细介绍了蛋鸡生物学特性、市场规律、选种引种、饲料使用、种鸡饲养、雏鸡培育、安全生产、鸡病防治、环境调控、经营管理等。各章内容均以蛋鸡场生产经营中的认识误区和存在的问题为切入点，介绍提高蛋鸡养殖经济效益的主要途径。本书内容浅显易懂，技术知识简单明了，突出可操作性、实用性和针对性。对于技术操作要点、饲养管理窍门及在养殖中容易出现的误区等，书中设有专门的“提示”“小经验”等栏目，以使养殖者易上手、少走弯路。

本书可供规模化蛋鸡场工作人员、蛋鸡专业养殖户、饲料及兽药企业技术员阅读，也可供农业院校相关专业的师生参考。

图书在版编目（CIP）数据

怎样提高蛋鸡养殖效益/张丁华编著．—北京：机械工业出版社，2020.7（2021.5重印）
（专家帮你提高效益）
ISBN 978-7-111-65315-8

Ⅰ.①怎… Ⅱ.①张… Ⅲ.①卵用鸡-饲养管理 Ⅳ.①S831.91

中国版本图书馆CIP数据核字（2020）第061140号

机械工业出版社（北京市百万庄大街22号 邮政编码100037）
策划编辑：周晓伟 高 伟 责任编辑：周晓伟 高 伟 郎 峰
责任校对：张玉静 责任印制：孙 炜
保定市中画美凯印刷有限公司印刷
2021年5月第1版第2次印刷
145mm×210mm·5.5印张·2插页·182千字
1901—3800册
标准书号：ISBN 978-7-111-65315-8
定价：29.80元

电话服务 网络服务
客服电话：010-88361066 机 工 官 网：www.cmpbook.com
010-88379833 机 工 官 博：weibo.com/cmp1952
010-68326294 金 书 网：www.golden-book.com
 机工教育服务网：www.cmpedu.com

前 言 PREFACE

我国是世界上养鸡数量最多的国家。自1985年以来，我国鸡蛋产量一直位居世界首位，2018年鸡蛋产量达到2659万吨，是1985年的5.85倍。2019年全国商品代蛋鸡月均存栏量达到10.16亿只，较2018年的月均存栏量9.06亿只，增加了1.10亿只，增长12.14%。2020年2月蛋鸡总存栏量为13.216亿只，环比增长2.48%，同比增长9.65%。我国蛋鸡养殖的主体仍然是分散在广大农村地区的中小型蛋鸡养殖场（户），存在养殖观念落后、饲养管理水平差、防疫意识淡薄、用药不规范、疫病频发、抵抗市场风险能力弱等问题，严重影响了蛋鸡养殖的经济效益。因此，提高蛋鸡标准化、规模化饲养水平，降低疫病发生风险，提高产品品质，规范经营管理，对提高我国蛋鸡养殖效益尤为重要。

本书以提高蛋鸡养殖经济效益为核心，内容共分12章，各章内容均以蛋鸡场生产经营中的认识误区和存在的问题为切入点，重点介绍了提高蛋鸡经济效益的主要方法，同时也介绍了目前国内新型养鸡模式和典型案例。本书可供规模化蛋鸡场工作人员、蛋鸡专业养殖户、饲料及兽药企业技术员阅读，也可供农业院校相关专业的师生参考。

需要特别说明的是，本书所用药物及其使用剂量仅供读者参考，不可照搬。在生产实际中，所用药物学名、常用名与实际商品名称有差异，药物浓度也有所不同，建议读者在使用每一种药物之前，参阅厂家提供的产品说明以确认药物用量、用药方法、用药时间及禁忌等。购买兽药时，执业兽医师有责任根据经验和对患病动物的了解决定用药量及选择最佳治疗方案。

本书由河南农业职业学院牧业工程学院张丁华老师编著，在编著过

程中得到许多同仁的关心和支持，并且参考了一些专家学者的研究成果和相关书刊资料，由于篇幅所限，未将参考的文献一一列出，在此一并表示感谢。

由于编著者水平有限，书中错误与不足之处在所难免，诚请同行及广大读者予以批评指正。

编著者

目　录 CONTENTS

第一章
熟知蛋鸡特性，向细节要效益

第一节　了解我国蛋鸡业的现状、存在问题及趋势

一、发展现状

1. 品牌需求多元化

随着人们消费水平的提高，鸡蛋消费结构调整，下游对鸡蛋品种需求趋于多元化，致使种鸡品种需求多元化增强，粉壳、白壳鸡蛋市场份额有所增加。据调查，我国褐壳蛋需求占比为58%，粉壳蛋占比为40%，白壳蛋、绿壳蛋占比均为1%。我国自主育种品牌逐渐崛起，京红、京粉、农大3号、农大5号、新杨系列、大午粉、大午金凤等品种被养殖户认可的程度明显提高。

2. 产量居世界首位

我国是世界上养鸡数量最多的国家。自1985年以来我国鸡蛋产量一直位居世界首位，2018年鸡蛋产量达到2659万吨，是1985年的5.85倍。2019年全国商品代蛋鸡月均存栏量达到10.16亿只，较2018年的月均存栏量9.06亿只，增加了1.10亿只，增长12.14%。2020年2月蛋鸡总存栏量为13.216亿只，环比增长2.48%，同比增长9.65%。

3. 标准化、规模化成主流

目前，我国蛋鸡逐步由传统的散养向规模化、集约化、专业化方向发展（图1-1），由落后向现代化饲养方式转变，改变了“小规模、大群体”的发展模式，从卫生防疫到环境保护等各个环节均能做到科学化、合理化，实现了经济、社会及生态效益协同提升。

4. 养殖区域化格局明显

2000～2018年，我国蛋鸡主产省产量分布大致稳定，但不同区域蛋鸡产量比重有所变动，呈现出“北鸡南养”的产业格局新趋势。随着东

图 1-1 规模化饲养

北、河北等地饲料原料成本优势的逐渐消失，以及养殖密集区疾病发生概率的增加，蛋鸡密集饲养区（如河北、山东、江苏和辽宁）的饲养量在逐渐下降，而长江流域和西部的蛋鸡饲养量在逐步增长，蛋鸡养殖有逐渐由东北、华北等传统养殖区向华南、西南等地转移的趋势。

二、存在问题

1. 疫病防控形势依然严峻

蛋鸡规模化程度虽然逐步提高，但存栏万只以下的养殖场（户）仍占 55.3%，普遍存在饲养管理不规范、疫病防控程序不完善、鸡舍较差等问题，并且由于病毒变异快、来源复杂、疫苗研制滞后，同时外来动物疫病传入风险增多，部分父母代和商品代养殖场滑液囊支原体、白血病、沙门菌感染严重，致使疫病防控压力大大增加。

2. 养殖废弃物资源化利用亟待提升

蛋鸡产业快速发展的同时，也产生了大量的养殖废弃物，成为产业健康发展的瓶颈。大规模养殖场养殖密度高，粪污量大且集中，粪肥资源还田通道不畅；中小规模养殖场养殖条件相对落后，粪污处理设施缺乏，粪肥还田设施设备滞后。

3. 鸡蛋食品安全存在隐患

目前我国鸡蛋消费仍以鲜蛋为主，不同于其他畜禽产品有相应的检疫程序来保障食品安全，鲜蛋检疫技术相对复杂。同时，我国蛋鸡饲养以中小型养殖户为主，高额的检测和监控成本很难实现每批次鸡蛋出场前均进行官方检疫，仅靠随机抽检来确保食品安全无法保证每批次鸡蛋的质量。

4. 品牌战略滞后，产品附加值较低

目前蛋鸡养殖业门槛依然较低，鸡蛋市场品目繁多，质量参差不齐。多数养殖场（户）基于养殖成本及短期效益，过于关注市场行情和鸡蛋产量，不重视品牌建设，鸡蛋市场竞争难分优劣，产品只能随着市场洪流前进，产品附加值较低。

【提示】

资金、技术、疾病、市场等是影响蛋鸡业发展的重要因素，提升养殖的标准化、集约化、规模化水平，延伸产业链，才能促进蛋鸡业持续、健康、快速发展。

三、发展趋势

1. 蛋鸡存栏稳中趋增，鸡蛋供应平衡有余

2018 年蛋鸡存栏量一直低位徘徊，2019 年蛋鸡存栏量稳步回升，年初存栏量低位恢复缓慢，5 月后存栏量均在 11 亿只以上。同时，2019 年度雏鸡补栏维持高位，因此 2020 年第一季度产蛋鸡整体供应充裕。2019 年后备蛋鸡存栏量从 1 月开始逐月增加，5 月创 5 年新高达 3.1 亿只，6 月后逐步减少，雏鸡和青年鸡补栏一直处于近几年高位水平。因此，2020 年的蛋鸡存栏量仍将维持一个理性的数量，鸡蛋价格也会处在相对合理的运行区间。

2. 专业育雏青年鸡蓬勃发展

近年来鸡蛋市场波动频繁，育雏青年鸡场应运而生，且呈现越来越专业的趋势。专业育雏能够保证养殖场“全进全出”的生产方式，提高雏鸡整齐度，减少投入，提高资金使用率。

3. 环保政策约束逐渐增强，适度规模成为未来发展主流

随着《中华人民共和国环境保护法》《中华人民共和国水污染防治法》等陆续出台实施，国家环保政策对蛋鸡养殖约束越来越强。这就要求蛋鸡养殖过程中切实解决废弃物处理和资源化利用问题。在有限的土地资源和粪污处理能力下，开展适度规模养殖成为未来发展的主流。适度规模是在一定的经济条件下，土地、资金、劳动力、营销、环境资源等要素组合最优，取得效益最佳的规模，随着技术、管理水平、生产条件、市场成熟度等变化而变化。适度规模因场而异，各生产要素中的短板效应影响个体适度规模。

【注意】

养殖场粪污问题不可忽视，其已成为我国畜牧业可持续发展的瓶颈。蛋鸡生产者应从场舍布局、饲养过程、粪污利用与处理等方面着手解决该问题。

4. 微利竞争，智能化管理将颠覆传统养殖方式

近些年，随着行业外资本介入和大型蛋鸡养殖企业的持续扩张，蛋鸡产业逐渐迎来微利时代，产业竞争更加激烈。同时，包含鸡苗、饲料、人工、水电等可变成本及场房设备等不变成本的投入，养殖成本将不断攀高。物联网、互联网等智能化信息工具，能够实现产业的智能化和数据化管理。“人养设备、设备养鸡”，进行细微管理，不断完善细节，大大减少人工成本，养殖设备在整个养殖环节的相对投入也将不断降低。

第二节　熟悉蛋鸡的生物学特性

一、体温高，代谢旺盛

鸡的体温为40.5～42℃（标准体温为41.5℃），心跳快，每分钟250～350次。基础代谢高于其他动物，是猪、牛的3倍，安静时的耗氧量与排出二氧化碳的量也高出1倍以上。

【提示】

只有给鸡创造良好的环境条件，如适宜温度、湿度和良好的通风及环境卫生，并按鸡各阶段的营养需要给予充分的饲料和均衡的营养，才能保证鸡正常的代谢，使鸡能正常生长，生产出更多的蛋、肉产品。

二、繁殖能力强

母鸡的右侧卵巢与输卵管退化消失，仅左侧发达，机能正常。母鸡的卵巢能产生许多卵泡，在显微镜下可观察到卵巢上有12000多个卵泡。产蛋鸡120～150天即可开产，高产蛋鸡年产蛋300枚以上，1只产蛋鸡1年可生产出为其体重10倍的鸡蛋。

【注意】

要养好种鸡，发挥其繁殖能力强的特性，使之多产蛋，实行人工授精、孵化，才能生产更多更好的鸡苗。

三、消化道短，对粗纤维消化率低

鸡的消化道短，仅为体长的6倍，而牛为其体长的20倍，猪为其体长的14倍。因此，饲料通过消化道较快，消化吸收不完全。此外，口腔无牙齿，不能咀嚼食物，靠肌胃把食物磨碎消化。在饲料中添加适量砂粒会帮助肌胃磨碎饲料，提高饲料利用率。鸡消化道内无分解纤维素的酶，故鸡对粗纤维消化率比家畜低得多，日粮必须以精料为主。自配鸡饲料时，一定要按饲养标准进行，切忌加大量糠麸。

四、对饲料营养要求高

鸡蛋和鸡肉中含有人体必需的各种氨基酸，且组成比例非常均衡。由于鸡产品营养价值高，而产品需要由饲料转化而来，因此必须给鸡提供易消化、营养全面的配合饲料。根据不同品种鸡的各个生长阶段的营养需要，充分利用当地的廉价饲料资源，配制全价日粮，可大大降低饲料成本。如果购买配合饲料，应对各厂家生产的饲料进行价格和试喂比较，购买质高价廉的鸡饲料。只有满足产蛋鸡的营养要求，才能发挥产蛋潜力。

【小知识】

1枚鸡蛋含有1个新生命所需要的一切物质，营养物质全面且丰富，其中蛋白质占12%、脂肪占11%、碳水化合物占1%、矿物质占11%，还含丰富的多种维生素。鸡肉中蛋白质含量为19.3%，约含9.37兆焦/千克的热能。

五、抗病能力差

鸡肺脏较小，连接着很多气囊，甚至进入骨腔中，气囊位于体内各个部位，因此，通过空气传播的病原体可以经呼吸道进入肺和气囊，从而进入体内、肌肉和骨骼中。鸡的生殖孔与排泄孔均开口于泄殖腔，产出的蛋经过泄殖腔时易受到污染。鸡无横膈膜，腹腔的感染易进入胸部的器官。同样条件下，对比其他畜禽，鸡的抗病能力差，存活率低。鸡无淋巴结，病原体易侵入体内。根据以上特性，要求鸡场制定严格的卫生防疫措施，提高鸡的抗病能力，搞好环境和饲养用具的卫生，加强饲养管理，尽量减少疾病的发生，确保稳产高产。

六、对环境变化敏感

鸡的听觉不如哺乳动物，但对突如其来的噪声易受惊吓，惊恐不安、乱飞乱叫；鸡的视觉很灵敏，鸡舍进来陌生人可以引起惊群。鸡对光照非常敏感，光照制度的突然改变，同样会影响鸡的生长发育和产蛋。此外，环境温度、湿度和空气中的有害气体也会影响鸡的健康状况和产蛋性能。

【注意】

要对鸡舍的噪声、温度、湿度、空气和光照等加以控制，为鸡创造一个良好的饲养环境，以保证其正常的生长和生产，防止鸡“炸群”。

七、具有群居性

由于鸡群居性强，适宜高密度的笼养，尤其是鸡体积小，每只鸡占笼底的面积仅400厘米^2，因此，适合大群饲养。现代工厂化养鸡的机械自动化程度较高，喂料、饮水、清粪和捡蛋均可全面实现机械化（彩图1、彩图2）。一个中小型鸡场可养殖几万只鸡，大型鸡场可养殖几十万或上百万只鸡。鸡之所以能够适应群居生活，可能与鸡的祖先是树栖动物有关。

第三节　掌握蛋鸡的产蛋规律

一、矮小型褐壳蛋鸡日产蛋规律

产蛋时间集中在12:00前，此期间产蛋量占全天产蛋量的76.62%，且以9:00~10:00产蛋最为集中，占全天产蛋量的19.49%。连产内第一枚蛋产出时间集中在上午的占89.33%，以7:00~9:00产蛋最多，占49.71%；最后一枚蛋产出时间集中在下午的占71.20%，以14:00~16:00产蛋最多，占36.58%。连产产蛋间隔范围为22.35~31.15小时，每枚蛋平均间隔高峰在24小时的占36.0%，群体平均产蛋间隔为25.08小时。相邻连产间隔时间的变异范围很大，最短为38.0小时，最长达100.45小时。

二、罗曼蛋鸡日产蛋规律

产蛋时间主要集中在7:00～11:00，产蛋高峰为8:00～10:00，但随着产蛋率的提高，每天产蛋高峰出现时间提早。蛋重与产蛋时间呈明显的负相关。产蛋时间越早，蛋重越重，主要是由于鸡在连产中，连产前期产的蛋大于连产后期的蛋。上午产的蛋蛋壳重量大于下午产的蛋蛋壳重量，但蛋破损多。

三、海赛克斯蛋鸡日产蛋规律

产蛋时间主要集中在7:00～11:00，产蛋高峰时间为8:00～10:00，且随着鸡群产蛋率的提高，每天蛋的产出高峰时间提早。每天各小时的平均蛋重呈现直线下降趋势。蛋的破损上午较多。上午产的蛋蛋壳重量小于下午产的蛋蛋壳重量。

【提示】

蛋的破损除与笼子质量有关外，还与蛋壳厚薄有关，因而要及时收集鸡笼内的蛋，减少鸡踩踏造成的破损。

四、星布罗种鸡日产蛋规律

无论大群饲养还是小间饲养，在5:00～20:00之间，日产蛋量分布均呈正态曲线。大群饲养时以10:00～11:00为高峰期，占日产蛋量的19.3%。88.9%的产蛋量集中在8:00～14:00，其中以9:00～12:00产蛋最多，3小时内产蛋量占日产蛋量的47.6%。小间饲养时，日产蛋量在9:30～10:30为产蛋高峰，占日产蛋量的16.9%。8:30～12:30产蛋最多，4小时内产蛋量占日产蛋量的52.2%。但15:30至第二天7:30母鸡所下蛋占总产蛋量的比例高达18.3%。7:30～8:30所产蛋蛋重最重；8:00～15:30所产蛋蛋重变化不大，一般在2～3克以内；15:30至第二天7:30所产蛋蛋重较轻，两者间蛋重相差范围在4克以内。

【提示】

了解各品种蛋鸡的日产蛋规律，可以在管理中制定合理的集蛋次数、时间及饲喂时间。否则，集蛋次数太多会增加应激，影响产蛋量及增加劳动强度；集蛋次数太少则增加窝外蛋、碎壳蛋，减少蛋数而影响收益。

第二章
把握市场脉搏，向规律要效益

第一节　经营理念的误区

一、养蛋鸡起步误区

1. 生产模式定位不准

养蛋鸡前一定要选择好生产模式，如选择传统养殖模式还是生态养殖模式（茶园生态养鸡、果园生态养鸡、林下生态养鸡等）。不同的生产模式对场舍建设、技术准备、疫病防控、资金投入、环保等要求不同，提前选择好适合自己的生产模式，可以趋利避害，提高产品质量和经济效益。

2. 养殖前准备不足

养蛋鸡前要从场舍、用具、技术、饲料、防疫、购种等方面做好准备工作。若投资较大，资金准备不足，饲养管理与疾病防治等关键技术不具备，盲目上马，则风险极大。

3. 固定资产投资较大

蛋鸡场建设在保证科学饲养管理、利于疫病防控和达到环保标准的前提下，应尽可能减少固定资产投资比例，因地制宜，秉承经济、耐用、实用的原则。而有的养殖户追求高大上，导致蛋鸡场建设、饲养设备、生产用地等所占投资较大，在后期养殖过程中一旦出现疫病或者市场行情低落，往往亏损严重。

【提示】

养蛋鸡起步前必须进行充分的市场调查，做好心理准备，确定好饲养模式、生产方式、销售渠道等，切忌盲目上马、投资过大。

二、经营规模误区

蛋鸡场规模的大小与其所得的最佳经济效益存在规律性，只有当规

模经营“适度”时，即当蛋鸡场生产力各要素最合理地集中与组合时，才能有最佳的目标效益。对生产经营者而言，找到“这个适度规模”至关重要。养殖场规模的大小，必须要和当地的经济发展水平结合起来，和自己所处的环境相适应，过大与过小都不行，除要求有熟练的饲养管理与疾病防治技术外，还应根据自身的资金实力、场舍面积、饲料来源、种苗来源、鸡蛋销路、环境污染等来确定。5000～10000 只的规模，如果采用自动加料和自动清粪设备（图 2-1），一个家庭不用雇人完全可以承担相应工作量，适合组建一个家庭养殖场。专业化规模蛋鸡场利用其技术和管理优势，有利于提高养蛋鸡的管理水平和应对养殖风险的能力，降低养殖成本，提高养殖效益。养蛋鸡投资规模的大小，直接关系到经济效益的高低和风险的大小。

图 2-1　自动清粪设备

【提示】

养殖规模并非越大越好，养殖规模过大会造成环境污染和防疫困难等问题。

第二节　熟悉鸡蛋市场波动规律及影响因素

一、鸡蛋市场波动规律

1. 行业周期规律

我国蛋鸡市场波动幅度较大，市场自我调节周期较长，基本呈现出 3 年一个周期的行业规律。研究发现，2001 年 1 月～2016 年 6 月，我国鸡蛋价格总体在波动中保持上涨趋势，2014 年 10 月鸡蛋价格达到最高点，随后在波动中稍有下降。鸡蛋价格大体每 2～3 年会出现 1 个波动周期，且波动规律出现新的变化，即近些年鸡蛋价格波动呈现周期越来越短、波幅越来越大的趋势，但鸡蛋价格持续上升趋势不再明显，价格基本围绕高位上下震荡。

2. 季节周期规律

我国鸡蛋价格季节性波动明显，且波幅逐年扩大，大体每年1~2月价格处于高位，然后上半年处于下降趋势，4~5月降到低点，6~7月之后逐渐上升，9~10月达到年度最高，11月开始下降，12月到下一年1月又有一个上扬的过程。鸡蛋价格季节性波动可以从供给和需求两个方面来加以解释。从供需变化规律来看，蛋鸡产蛋的季节性规律是鸡蛋价格季节性波动的主要原因，节假日引起的季节性消费需求变化也明显影响着鸡蛋市场价格。

3. 节假日消费规律

节假日消费对鸡蛋价格波动的作用显现出新特征。2005年以前每年1~2月及9~10月蛋价升高的规律非常明显，季节因子序列呈现明显双峰状态，这与处于1~2月的“元旦”“春节”消费和处于9~10月的“中秋节”“国庆节”消费拉动有关，节假日对鸡蛋价格的推升效应明显。但2006年以后，季节因子序列双峰状态逐渐消失，这主要与近年“元旦”“春节”推升蛋价的作用基本保持稳定，而“中秋节”“国庆节”等节假日对蛋价的推升作用上升有关。这从侧面说明我国消费者消费水平明显提高，肉蛋类产品已不再是过年时才大量购买的“年货”，日常消费及其他节假日消费对鸡蛋需求的拉动效应也很明显。

二、影响市场波动的因素

1. 市场因素

近年来，鸡蛋及淘汰鸡价格潮起潮落，如2019年1~7月鸡蛋价格走势基本可以分为5个时期。一是高位上行期（1月上半月）：全国主产区蛋价从年初的7.50元/千克涨到1月15日的8.28元/千克。二是断崖式下跌期（1月中旬~2月下旬）：1月15日~2月25日，短短40天蛋价由8.28元/千克跌至5.30元/千克，跌幅超过三成，达到36%，已属于2013年以来同期的最大跌幅。三是触底反弹冲高期（2月下旬~5月中旬）：蛋价从5.30元/千克涨到5月20日的8.66元/千克，涨幅超过六成，达到63.4%。四是冲高回调震荡期（5月中旬~6月下旬）：蛋价从8.66元/千克回调到6月25日的7.04元/千克，回调深度达到18.7%。五是季节性上涨期（6月下旬~7月20日）：蛋价从7.04元/千克上涨到9.04元/千克，上涨幅度达到28.4%。因各种制约因素（如饲

料、兽药、供求关系等）的影响，市场行情变化快，价格波动难以预测，时常出现“有市无价”或“有价无市”的局面。

2. 疾病因素

蛋鸡疫病风险具有不确定性，是造成养殖业高风险的重要因素。蛋鸡养殖最大的风险就是疾病，如禽流感、新城疫、大肠杆菌病、支原体病等。疫病对蛋鸡生产的危害性已不仅限于造成蛋鸡死亡或个体生产性能下降，更加突出表现为养殖户、消费者对疫病产生恐慌而弃养、弃购。如2013年出现“人感染H7N9禽流感”事件后，禽流感的冲击首先引起消费者对鸡蛋需求的急剧下降和鸡蛋市场价格的大幅下跌，随后蛋鸡养殖行业整体亏损严重，大量养殖户补栏大幅减少甚至退出蛋鸡养殖行业，导致蛋鸡存栏量的减少和鸡蛋产能大幅下降。

3. 技术因素

养殖业是农业项目中风险最大的行业，目前多数养殖户不再依照传统模式，多以先进养殖技术为支撑，技术水平高低、适用与否、应用是否得当，都会影响到养殖户的生产效益。如果养殖技术或经验不足，一旦发病，蛋鸡会出现大批死亡，同时，还会造成巨大的经济损失。

4. 政策因素

农业政策中的畜产品价格政策、环保评价政策、全国兽药（抗菌药）综合治理五年行动规划、兽药国家标准化等变化均会影响鸡蛋或鸡肉产品的价格。

5. 环境因素

一是自然灾害因素，如地震、水灾、风灾、冰雹、霜冻等气象、地质灾害对蛋鸡生产会造成损失，从而带来风险；二是国民的肉类消费理念也会影响鸡蛋消费量；三是国家和社会对资源、环境和食品安全的重视也对蛋鸡产业提出了严峻的考验。从国家陆续出台的相关法律和法规，如《中华人民共和国环境保护法》《中华人民共和国食品安全法》《中华人民共和国土地管理法》《畜禽规模养殖污染防治条例》和2015年的中央一号文件，无一不在加速蛋鸡产业转型升级。

6. 饲料因素

我国玉米、豆粕与鸡蛋三者之间价格波动的相互影响存在一定的时滞性，其中玉米价格对鸡蛋价格的影响大于豆粕价格。长期来看，我国鸡蛋、玉米、豆粕的价格波动受自身因素影响最大，但也存在相互影响关系，其中玉米价格对鸡蛋价格波动的贡献率为11.99%，鸡蛋价格对玉米价格波动的贡献率为14.72%，而豆粕价格与鸡蛋价格波动之间联系较弱。

【提示】

影响蛋鸡市场波动的因素较多，如市场、疫病、技术、政策、环保等因素，蛋鸡生产者应密切关注鸡蛋市场行情、政策导向，分析供需变化，做好健康高效养殖与疾病防治，才能有效降低市场波动对自己的影响。

第三节　如何应对鸡蛋市场波动

一、把握养蛋鸡起步的机遇

投资养蛋鸡最好选在市场低谷时进入。当市场处于低潮时，鸡苗费用低，饲料价格相对便宜，这时开始养殖有利于降低成本，增加利润。也就是说低谷投入，高峰积累，以低成本和别人竞争，牢牢掌握市场主动权。当养鸡周期正处于低谷时，可以低成本购买种鸡和建鸡场，当养鸡周期由低谷开始回升时，鸡场全面投产供应市场，正好赶上好行情；当周期达到高峰时，已收回成本，必然产生可观的经济效益。相反，如果在高峰期上马，会导致鸡蛋供大于求，市场价格下降，经济效益欠佳。

二、做好鸡蛋价格波动周期的识别

加强对鸡蛋价格波动规律性的认识，有效提高鸡蛋价格预测的能力，有利于鸡蛋消费市场的稳定。我国蛋鸡生产基本呈现出3年1个周期的行业规律。蛋雏鸡价格与鸡蛋价格波动之间的关联性较强，而且蛋雏鸡价格波动往往滞后于鸡蛋价格。蛋鸡配合饲料价格与鸡蛋价格之间的波动关联性相对差一些，表明蛋鸡饲料价格除了受到需求影响，还受到原料供给的影响。

三、准确市场预测

1. 预测内容

预测内容主要有蛋鸡生产的发展变化情况；城乡消费习惯、消费结构、消费增长和消费心理的变化；市场价格变化情况；同类产品进出口贸易情况；国家法律、政策和国际贸易政策的变化对市场供求的影响；

本地区及国内蛋鸡业的变化；市场饲料、生产设备的价格情况等。

2. 预测方法

（1）经验判断法 主要依靠从业者本身的业务经验、销售人员的直觉，以及专家的综合分析，来全面判断市场的发展趋势。经验判断法只适宜缺乏数据、无资料或者资料不够完备，或者预测的问题不能进行定量分析，只能采用定性分析（如对消费心理的分析）的研究对象。

（2）市场调查预测法 主要通过市场调查来预测产品销售趋势，可采取典型调查、抽样调查、表格调查、询问调查和样品征询法等。

（3）实销趋势分析法 可根据以往实际销售增长趋势（即百分比），推算下期预测值的方法，计算公式：下期销售预测值＝本期销售实际值×（本期销售实际值/上期销售实际值）。

3. 预测步骤

（1）确定预测目标 主要是确定预测对象、目的及预测时期和预测范围。预测对象是指预测何种产品，预测目的是指预测的销售量（销售额）、市场总需求量或收益等。预测时间是指起止时间和每个阶段的时间及所要达到的目标。预测范围是指某一地区。

（2）搜集资料 在生产经营中，要做出正确的国内外市场预测和经营决策，必须搜集大量准确的预测资料。若单凭主观印象去决策，容易造成决策失误。因此，必须采取各种办法，通过有效的途径调查和搜集资料。

（3）选择预测方法 同一预测对象，不同的预测方法所得的预测结果可能不同，准确率也不一样。因此，对同一预测目标，应允许同时运用多种预测方法进行预测，以便相互比较、分析和修正，使预测结果更加正确。

【提示】

经营者可以按照一般的市场经济规律和自身的经验，对市场的现状、发展趋势做出客观的综合分析与评估。

四、科学应对鸡蛋市场波动

1. 密切关注市场动态

蛋鸡生产经营者应密切关注市场行情与动态，对蛋鸡业的现状、趋势和规律有一个较为准确的把握，这样在具体生产过程中，就能做到心中有数，避免盲目行为。

2. 成立养殖合作社

中小规模的蛋鸡场（户）通过成立蛋鸡养殖协会、合作社等方式，加强信息交流。养殖合作社采取“统一培训、统一采购、统一防疫、统一包装、统一销售、统一淘汰”等产业链服务模式增强生产资料市场和产品市场话语权，降低市场风险，增加养殖收益。

3. 购买蛋鸡保险

蛋鸡保险可以为蛋鸡养殖保驾护航。2015 年的中央一号文件提到，要积极探索新型农村合作金融发展的有效途径，稳妥开展农民合作社内部资金互助试点，落实地方政府监管责任。2015 年下半年由中国人民财产保险、太平洋财产保险等金融服务公司提供保险，青岛诶创、北京伟嘉、北京安格斯、山东新四维等农牧生物公司提供技术运作平台，中国银行、建设银行等提供金融贷款，高校、科研院所提供科技支撑的综合蛋鸡保险业务开始试行。

4. 转变经营理念，增强风险防范意识

新的经济形势下，农产品市场信息瞬息万变，由此带来更多不确定因素。蛋鸡养殖场（户）要转变以往传统的饲养管理理念，清醒地认识到现阶段蛋鸡养殖存在的各类风险，增强风险防范意识。通过报纸、杂志、广播电视、手机网络、远程教育、现场观摩等多种方式加强培训，培养收集信息、分析行情、抓住商机、合理决策的能力，从而有效抵御市场风险。

5. 提升蛋鸡养殖水平

推广高效安全养殖技术，提升蛋鸡养殖水平。蛋鸡场（户）要提高蛋鸡养殖规模化、标准化水平，改变“小规模、大群体”的发展模式，加速蛋鸡养殖设施设备升级，实现鸡蛋产品安全、环境生态安全、养殖生物安全。

【提示】

导致蛋鸡市场波动的因素较多，只有通过准确把握养蛋鸡起步的机遇，做好鸡蛋价格波动周期的识别、市场预测，采取综合应对措施，才能降低市场波动对养蛋鸡的不利影响。

第四节　根据实际情况确定养殖规模

一、家庭农场方式

2019年9月中央农办等11部门和单位联合印发《关于实施家庭农场培育计划的指导意见》，对加快培育发展家庭农场做出总体部署。引导本地区家庭农场适度规模经营，取得最佳规模效益，把符合条件的种养大户、专业大户纳入家庭农场范围。据调查，5000只鸡以下的小规模养殖户在我国蛋鸡养殖中仍然占相当大的比例，1万只以下规模的占到我国蛋鸡饲养总量规模的近60%。未来几年内我国蛋鸡行业的生产模式仍然以1万~3万只规模的家庭农场为主，随着国家政策和未来市场经济的推动，规模化的生产模式将会逐步占据主导地位。

二、规模集约化方式

蛋鸡规模集约化养殖主要采用笼养方式（图2-2），国内大规模集约化蛋鸡养殖企业均采用此模式，且随着资本向蛋鸡业的进入，集约化鸡场比例呈增加趋势。该模式下，所饲养的品种以海兰、罗曼、伊莎等进口品种或京红一号、京粉一号、农大三号等国内培育品种为主；场区规划布局合理，全封闭鸡舍，采用H形层叠笼养，单栋饲养5万只以上，生产设备先进，基本实现自动化，生产效率较高；生产管理、养殖档案管理、防疫制度等规范，实行生产过程控制，产品质量与产品安全可追溯。

图2-2　蛋鸡集约化养殖

三、工厂化方式

工厂化养鸡是指摆脱自然环境的影响，完全依赖人为提供的最适合于蛋鸡生长发育、繁殖环境和全价配合饲料的饲养条件，采用先进的饲养技术，最大限度地提高劳动生产率的一种养鸡方法。其主要特点是生产的持续性、无季节性和主动控制性。工厂化养鸡是现代营养科学技术、配合饲料技术、家禽育种技术、疫病防治技术、环境控制技术、蛋鸡舍建造技术、机械化和自动化技术的综合体。

四、生态养殖

1. 生态放养

利用林地、草场、果园、农田等天然资源，根据当地实际，充分利用林地小动物、昆虫及杂草等自然的动植物饲料资源，因地制宜发展蛋鸡规模化生态放养。目前国内许多省市（区）如广西、河北、河南、安徽等地利用荒山、林地开展了放养当地土鸡的研究，提出棚舍建设，围栏防止兽害，划区轮牧，开发槐叶、松针粉饲料资源，养蚯蚓、育虫喂鸡等技术，创建了一批具有地方特色的生态养殖模式。

2. 发酵床养殖

发酵床养鸡技术是一种基于控制畜禽粪便排放与污染的养殖方式，类似于自然放养，又称自然养鸡法。其是利用自然环境中的生物资源与微生物处理技术，将垫料铺在鸡舍中，鸡只可从小到大都生活在这种有机垫料上，鸡的排泄物被垫料里的微生物降解、消化，而不需要再对鸡的排泄物进行清扫及处理，因此是一种无臭味、无污染、零排放的生态农业技术。

【提示】

蛋鸡的养殖模式较多，应根据品种类型、地理环境、资金投入、产品定位等因素，选择适合本地区、本场的养殖模式。不论何种模式，皆应以低投入高产出、产品优质、环境无污染为目标。

第三章
正确选种引种，向良种要效益

第一节　选种与购种的误区

一、对品种的概念不清楚

许多初次养蛋鸡者对蛋鸡的品种认识比较模糊，也不知被称为品种必须满足以下条件：相同的来源；性状及适应性相似；较高的经济价值；遗传性能稳定，种用价值高；有一定的群体结构。在选择饲养的蛋鸡品种时，要认真考虑下列因素和问题，并综合全局，做出正确的选择。

1. 产蛋量要高

产蛋量是蛋鸡的一个重要经济指标。无论蛋鸡笼养还是放养，均应选择产蛋量高的品种，如此料蛋比才会低，养鸡效益才会高。因此，在选择饲养品种时最重要的是要看该品种的生产成绩，尤其是产蛋量。如果产蛋量高，在鸡蛋价格稳定的情况下，收益就会高。

2. 适应性广，抗病力强

在品种的选择上应选择对环境、气候适应性强，抗应激能力和抗病能力高的品种进行饲养，可以提高其成活率，从而增加经济效益，获得最大的收益。同时要考虑气候条件，如北方冬天寒冷，可选择较耐寒的品种饲养；而南方夏天闷热，易引起应激，应选择耐热、耐应激的品种进行饲养。

3. 体重与体型适中

笼养鸡选择体型大小适中、节粮型鸡种，有利于环境控制及节省饲料。放养鸡，应当选择体重偏轻，体躯结构紧凑、结实，个体小而活泼好动，觅食能力强的鸡种，野外可采食青草和昆虫等。

4. 饲料转化率高

在考虑产蛋量的同时，还要考虑饲料转化率。从根本上来讲，饲料转化率决定了经济效益，因为产蛋量仅仅是反应经济效益的一种形式，如果产蛋量高同时饲料转化率低，即要耗费较多的饲料才能获得较多的产蛋，其结果是增加了饲料成本，并不一定能提高经济效益。相反，如果饲料转化率高，即耗费较少的饲料就能产较多的蛋品，那么肯定会提高经济效益。

5. 产品畅销、市场欢迎

由于不同地区消费者的消费习惯不同，因此，不同地区应根据当地的消费习惯选择适宜的品种。如果当地群众喜欢红皮蛋，即褐壳蛋，养殖者就要考虑选择褐壳蛋鸡饲养；如果当地群众喜欢白皮蛋，则要考虑选择白壳蛋鸡饲养。有的地区群众喜欢大蛋，则要考虑饲养蛋重大的蛋鸡；反之，如果群众喜欢小蛋，则考虑饲养蛋重小的蛋鸡。绿色健康食品是目前消费的主流，在蛋鸡的养殖中也应当遵循这一特点，着重选择那些能够提供优质产品的品种，以符合市场的需求。

【提示】

只有满足了消费者需要的产品才有市场。反之，违背了消费者的生活习惯而盲目饲养，最终一定会尝到失败的苦头。因此，在选择饲养品种时，应全面考虑这一问题，深入搞好市场调查非常必要。

6. 适当考虑地方特色

我国有些地方品种产蛋量低，但是蛋的品质良好，因此这些地方品种的鸡蛋备受消费者青睐，其价格远远高于引进的蛋鸡所产鸡蛋的价格。尤其是最近几年，随着环境污染的加剧，人们对在大都市、大污染环境下的蛋鸡的鸡蛋质量提出了怀疑，愿意花高价钱购买来自无污染地区的地方品种的鸡蛋，这就使得发展地方特色品种蛋鸡有了很大的潜力。

7. 企业自身情况

企业要对市场进行定位，其鸡蛋产品是走高端产品还是普通产品。企业技术人员的饲养管理水平和经验能力会影响对品种的选择。同时，企业的销售渠道是进超市还是农贸市场，是自销还是包销，都会影响对蛋鸡饲养品种的选择。

【提示】

要选择饲养好的蛋鸡品种，就要将以上几个方面综合起来进行考虑，不要追求片面，同时要本着天时、地利、人和的理念进行选择，才能获得更多、更好、更安全的蛋品，创造更多的经济效益和社会效益。

二、为了省钱购买来源不明的蛋鸡苗

养蛋鸡要想成功，必须要有优质蛋鸡苗做保证，好的蛋鸡苗能养坏，但坏的蛋鸡苗肯定养不好。若蛋鸡苗的品种纯正且蛋鸡苗质量好，则蛋鸡群耗料少、生长快，利润高，反之赚钱就少。选择优质、健康的蛋鸡苗才是提高养殖效益的根本。生产实践中，一些中小型规模的蛋鸡场，为了省钱购买来源不明的蛋鸡苗，只看价格，不分品种和质量，只要价格低就行，结果与那些选择性能好的品种的蛋鸡场相比，料蛋比相差较大，容易发病，影响以后蛋鸡生产性能的发挥。

【提示】

购买鸡苗或青年鸡时，一定要坚持比质、比价、比服务，坚持就近购买，把好鸡苗的质量关、价格关和结构关。

第二节　提高良种效益的主要途径

一、充分了解蛋鸡的品种类型与特点

1. 国内主要蛋鸡品种

国内主要蛋鸡品种的类型与特点见表3-1。

表3-1　国内主要蛋鸡品种的类型与特点

名称	育种单位	外貌特征	生产性能
京红/京粉系列	北京市华都峪口禽业有限责任公司	体型紧凑，整齐匀称，羽毛为白色；蛋壳颜色为浅褐色，色泽均匀	72周龄母鸡每只产蛋总数为310～318枚，产蛋总重19.5～20.1千克；父母代种鸡受精率为92%～94%，受精蛋孵化率为93%～96%；育雏育成期成活率为99%，产蛋期成活率为96%，抗病性强

（续）

名称	育种单位	外貌特征	生产性能
农大3号	中国农业大学	体型小，成年体重1.6千克左右，体高比普通蛋鸡矮10厘米左右	采食量低，高峰期日采食量平均为85～90克/只，比普通蛋鸡节粮20%～25%，料蛋比一般为2.0∶1，高峰期可达1.7∶1，比普通蛋鸡提高饲料转化率15%左右
大午京白939	大午集团种禽有限公司	全身花羽，单冠，冠大而鲜红，冠齿5～7个，肉髯椭圆而鲜红，体型丰满，耳叶白色；喙褐黄色，胫、皮肤为黄色	20周龄体重1.5～1.55千克/只，入舍鸡耗料6.0～6.4千克/只，产蛋期成活率为95%～97%，开产日龄（50%）为140～150天，高峰产蛋率为94%～97%，72周龄入舍母鸡每只产蛋总数为332～339枚，产蛋总重20.3～21.4千克，平均蛋重61～63克，日平均耗料100～110克/只，料蛋比2.15∶1
上海新杨褐壳蛋鸡	上海新杨家畜育种中心等三单位联合培育	父母代羽色自别雌雄。公雏绒毛为红褐色，母雏绒毛为银白色或黄色。体躯较长，呈长方形，体质健壮，性情温顺，红羽，但部分尾羽为白色，黄皮肤，单冠，褐壳蛋	20周龄体重1.5～1.6千克/只，入舍鸡耗料7.8～8.0千克/只，产蛋期（20～71周）成活率为93%～97%，开产日龄（50%）为154～161天，高峰产蛋率为90%～94%，72周龄入舍母鸡每只产蛋总数为287～296枚，产蛋总重18.0～19.0千克，平均蛋重63.5克，日平均耗料115～120克/只
苏禽青壳蛋鸡	中国农业科学院家禽研究所	体型较小，结构紧凑，体躯呈船形；全身黑色；单冠红色，冠齿5～7个；喙、胫呈青色，无胫羽，四趾、皮肤白色。公、母鸡均活泼好动，眼大有神	成年体重：公鸡1.4千克/只，母鸡1.25千克/只。72周龄入舍母鸡每只产蛋总数平均为183.5枚，300日龄平均蛋重44.9克，产蛋期日采食量为75～80克/只，产蛋期存活率在95%以上。平均蛋重50克，蛋壳青色，产蛋期平均日采食量90～100克/只

2. 进口蛋鸡品种

进口蛋鸡品种的类型与特点见表3-2。

表3-2 进口蛋鸡品种的类型与特点

名称	产地	外貌特征	生产性能
海兰蛋鸡	美国	有海兰灰、海兰褐、海兰白等品系。海兰灰雏鸡全身鹅黄色，体型轻小、清秀，毛色从灰白色至红色间杂黑斑，肤色为黄色；海兰褐母雏全身红色，公雏全身白色；海兰白雏鸡全身白色，单冠，冠大，耳叶白色，皮肤、喙和胫均为黄色，体型轻小、清秀	海兰灰1～18周龄成活率为96%～98%，出雏至50%产蛋率的天数为152天（海兰褐为140～145天，海兰白为159天），高峰产蛋率为92%～94%（海兰褐为94%～96%），入舍鸡每只年产蛋数为331～339枚（海兰褐为330枚；海兰白为271～286枚）。30周龄平均蛋重61克，70周龄平均蛋重66.4克（海兰褐为65克）。蛋壳颜色为粉色（或褐色）
海赛克斯蛋鸡	荷兰	有褐壳和白壳2种。羽色自别雌雄，分3种类型：母雏为褐色，公雏为黄白色；母雏主要为褐色，背部有白色条纹，公雏主要为白色，背部有褐色条纹；母雏主要为白色，头部为红褐色，公雏主要为白色，背部有4条褐色窄条纹，条纹的轮廓有时清楚	褐壳：产蛋期（20～78周）日产蛋率达50%的日龄为145天，入舍母鸡每只产蛋总数为324枚，产蛋总量为20.4千克，平均蛋重63.2克，产蛋期成活率为94.2%，140日龄后每只鸡日平均耗料116克，每枚蛋耗料141克，产蛋期末母鸡体重2.1千克/只。白壳：135～140日龄产蛋，160日龄达50%产蛋率，210～220日龄达产蛋高峰，总蛋重16～17千克
罗曼蛋鸡	德国	褐壳商品代雏鸡可用羽色自别雌雄：公雏白羽，母雏褐羽	152～158日龄达50%产蛋率（粉壳蛋鸡为140～150天）。20周龄体重1.5～1.6千克（粉壳蛋鸡为1.4～1.5千克）。高峰期产蛋率为90%～93%（粉壳蛋鸡为92%～95%），72周龄入舍鸡每只产蛋总量为285～295枚（粉壳蛋鸡为295～305枚），总蛋重18.2～18.8千克，每千克蛋耗料2.3～2.4千克

二、正确合理引种

1. 从正规企业引种

引种应根据生产或育种工作的需要，确定品种类型，同时要考察所引品种的经济价值。引种渠道要正规，选择规模适度、信誉度高、有种畜禽生产经营许可证和动物防疫合格证、有足够的供种能力且技术服务水平较高的种鸡场；选择种鸡场时应把种鸡的健康状况放在第一位，必要时在购种前进行采血化验，合格后再进行引种；种鸡的系谱要清楚；选择售后服务较好的种鸡场。

【提示】

引种蛋鸡场的单位名称、代次、合法性、经营范围、生产经营许可证号等，可以登录国家种畜禽生产经营许可证管理系统（http://www.chinazxq.cn/）查询。

2. 切忌盲目引种

尽量引进国内已扩大繁殖的优良品种，可避免从国外引种的某些弊端。引种前必须先了解引入品种的技术资料，对引入品种的生产性能、饲料营养要求要有足够的了解。如果是纯种，应有外貌特征、育成历史、遗传稳定性及饲养管理特点和抗病力，以便引种。

3. 注意品种适应性

选定的引进品种要能适应当地的气候及环境条件。每个品种都是在特定的环境条件下形成的，对原产地有特殊的适应能力。当被引进到新的地区后，如果新地区的环境条件与原产地差异过大，则不易引种成功。因此，引种时首先要考虑当地条件与原产地条件的差异状况，同时还要考虑能否为引入品种提供适宜的环境条件。

4. 严格检疫

绝不可以从发病区域引种，以防止引种时带进疾病。进场前应严格隔离饲养，经观察确认无病后才能入场。

5. 做好准备工作

蛋鸡舍、饲养设备、饲料及用具等要准备好，饲养人员应进行技术培训。

6. 注意引种方法

首次引入品种数量不宜过多，引入后要先进行1～2个生产周期的性能观察，确认引种效果良好后，再适当增加引种数量，扩大繁殖。引种时应引进体质健康、发育正常、无遗传疾病、未成年的幼雏。引种最好选择在两地气候差别不大的季节进行，以便使引入个体逐渐适应气候的

变化。从寒冷地带向热带地区引种，以秋季引种最好；而从热带地区向寒冷地区引种，则以春末夏初引种最适宜。

【提示】

避免盲目引种，要充分考虑品种适应性、引种渠道、准备充分、严格检疫等，最好近距离引种，避免长途运输诱发疾病，导致蛋鸡死亡。

三、加强种鸡的选留

1. 种公鸡的选择

优良种公鸡活泼好动，步伐有力，鸣声响亮；食欲、性欲都很旺盛；爱护母鸡，对其他公鸡表现出好斗的行为等。优秀的种公鸡在使用之前，至少应该经过 3 次挑选。第 1 次选择：40 日龄左右，挑选出健康、活泼、发育良好、鸡冠鲜红的小公鸡。第 2 次选择：17～19 周龄，种公鸡上笼时，选择第二性征好，体格健壮，双腿结实，腹部柔软，体重中等，按摩背部和尾部时尾巴上翘、有性反射的公鸡。第 3 次选择：22 周龄，采精调教时。在正常使用前经过 2 周时间对种公鸡进行训练，淘汰采不出精液或精液品质差和有缺陷的公鸡，最后按一定的公母比例[1∶(30～50)]，并留足 5% 后备种公鸡后，把多余的公鸡进行淘汰处理。

2. 种母鸡的选择

优良种母鸡头部宽深而短，冠、肉髯鲜艳绯红，眼大有神，嘴粗短稍弯曲，颈长适中丰满；两腿间距宽，肌肉发达，爪短、弯曲有力；耻骨间的间距较宽、有弹力，以平放手指能容纳 3～4 指为好。耻骨至龙骨（即胸骨的间距宽）为 3～4 指，肛门宽敞而湿润；富有活力，活泼好动，清晨下架早，黄昏归舍迟，下蛋速度快。种母鸡应外貌符合品种特征，体质健壮，体重大小适中，肥瘦适度，健康无病（尤其无输卵管炎），培育品种产蛋率在 70% 以上，蛋重 50～65 克，蛋品质好；地方品种产蛋率在 40% 以上，蛋重在 40～70 克之间，要选择产蛋多、换羽快、就巢性弱的鸡只。

【注意】

种鸡选留须参照品种要求、生产性能等信息，严格执行选留标准。

第四章
合理使用饲料，向成本要效益

第一节　饲料加工与利用的误区

一、饲料的分类误区

蛋鸡的饲料按营养成分可分为配合饲料、浓缩饲料和添加剂预混合饲料3种，三者的区别与联系如图4-1所示。蛋鸡饲料按生长阶段分为育雏期料、青年鸡料、产蛋期料。

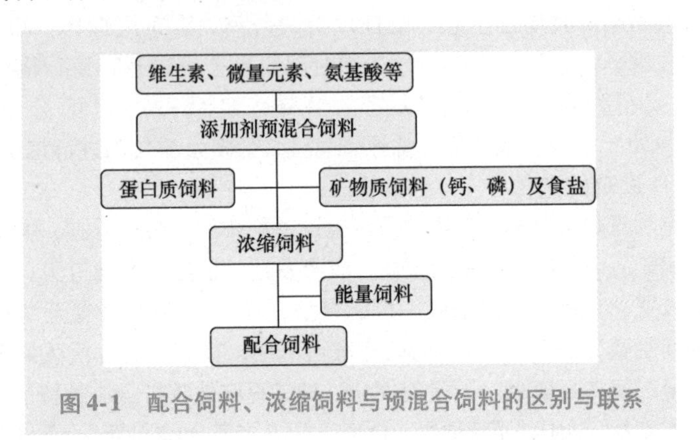

图4-1　配合饲料、浓缩饲料与预混合饲料的区别与联系

1. 配合饲料

配合饲料是根据蛋鸡的营养需要，将多种不同饲料原料和添加剂科学地按一定比例均匀混合而成的饲料。配合饲料所含营养物质种类多，含量高，比例合适，能满足蛋鸡的全部营养需要。

2. 浓缩饲料

浓缩饲料由配合饲料中除能量饲料以外的其余饲料原料配合而成，主要由蛋白质、矿物质和饲料添加剂等组成。养殖场和养殖户用浓缩饲

料加入一定比例的能量饲料（如玉米、麸皮等），即可制成营养全面的配合饲料。

3. 添加剂预混合饲料

添加剂预混合饲料是由2种（类）或者2种（类）以上营养性饲料添加剂为主，与载体或者稀释剂按照一定比例配制的饲料，包括复合预混合饲料、微量元素预混合饲料、维生素预混合饲料。

（1）复合预混合饲料 以矿物质微量元素、维生素、氨基酸中任何两类或两类以上的营养性饲料添加剂为主，与其他饲料添加剂、载体和（或）稀释剂按一定比例配制的均匀混合物，其中营养性饲料添加剂的含量能够满足其适用动物特定生理阶段的基本营养需求，在配合饲料中的添加量为0.1%~10%（图4-2）。

图4-2 复合预混合饲料

（2）维生素预混合饲料 2种或2种以上维生素与载体和（或）稀释剂按一定比例配制的均匀混合物，其中维生素含量应满足其适用动物特定生理阶段的维生素需求，在配合饲料中的添加量为0.1%~10%。

（3）微量元素预混合饲料 2种或2种以上矿物质微量元素与载体和（或）稀释剂按一定比例配制的均匀混合物。其中，矿物质微量元素含量能够满足其适用动物特定生理阶段的微量元素需求，在配合饲料中的添加量为0.1%~10%。

【提示】

预混合饲料在配合饲料中所占比例虽少，但作用大。蛋鸡场若备有饲料加工设备，可以从信誉好的厂家购进预混合饲料，不仅可省去购买维生素和微量元素的麻烦，而且配出的饲料质量也有保障。

二、评价配合饲料的误区

1. 重名牌，认为价格贵的饲料好

有的养蛋鸡户为了提高生产性能，不论市场行情如何，总喜欢使用知名厂家的饲料。虽然绝大部分名牌饲料的质量比较稳定，但因价格高，生产成本也会增加。有些厂家虽然知名度一般，但饲料品质也不错，最好根据品牌、价格、应用效果、口碑及售后服务等进行综合选择。

2. 盲目轻信厂家的宣传

2018 年全国万吨规模以上饲料生产厂达 3000 多家，一些公司喜欢炒作概念，如生物肽、活性蛋白修饰物质、基因技术产品、纯天然超临界提取物、纳米技术产品、蜂胶、深海鱼油、未知促生长因子等，其作用效果并未得到充分证实，有些仅仅停留在实验室研究阶段。养殖户不要轻易相信厂家的宣传。

3. 过于关注饲料的颜色

饲料公司的产品会根据市场原料品质和价格进行实时调整，从而确保产品物美价廉。但大宗原料的改变，经常会使产品感官发生变化，如产自阿根廷、巴西和美国的大豆，会因压榨工艺不同而使豆粕成品有色差。颜色发生变化往往不被终端养殖户所接受，这使得饲料公司产品不能根据市场原料波动做及时调整，最终遭受损失的是养殖户。其实，只要饲料公司管理体系完善，严格按照标准执行，产地不同导致的原料色差并不影响饲料成品质量。因此，成品颜色的正常变化不能作为判断饲料好坏的严格标准，依靠感官来判定饲料品质，不够全面和客观。

4. 把标签标注的分析保证值作为评价饲料好坏的标准

饲料标签是以文字、图形、符号等说明饲料产品质量、使用方法及其他内容的一种信息载体，用于规范饲料企业对成品的说明，是饲料企业对自己生产产品的一种承诺，其已成为评价产品质量是否合格的重要依据之一。饲料企业严格按照标签法，在营养成分分析保证值表格中标明营养成分及其添加最低保证含量，对于有添加上限的成分则标明添加范围值。不同品种、生长阶段、饲养环境，机体对各种营养成分需求量也有所不同。因此，不能仅从分析保证值来判断饲料品质的好坏。例如，标签上标注的粗蛋白水平仅仅代表了饲料中粗蛋白质最低含量，其氨基酸组成是否平衡，消化吸收率高低才是评价饲料品质的关键。又如，同为蛋白质饲料的羽毛粉、豆粕、鱼粉，虽然羽毛粉的粗蛋白质水平明显

高于鱼粉和豆粕，即使将羽毛粉中短缺的氨基酸种类通过合成氨基酸予以补齐，其吸收率也明显低于后者。

5. 以外包装好坏作为判断饲料好坏的标准

外包装的精细和精美程度可以反映一个企业做产品的用心程度，但饲料产品本质是生产资料，需要具备最佳的投入产出比，外包装在不影响仓储和运输，引起破包或者吸潮的前提下，对产品品质本身并无直接影响，只是给了使用者愉悦的感受。包装袋需要成本，企业的所有生产成本最终都要分摊到成品上。现在越来越多的规模场开始使用散装料，一定程度上降低了养殖成本，提高了养殖效益，因此，外包装不能作为判断饲料好坏的严格标准。当然，包装太差，影响使用也不可取。

【提示】

评价饲料的好坏不能仅凭厂家宣传、外包装、饲料标签、饲料颜色等判断，养殖户可以通过调查了解和实际使用效果，选择几家产品做对比，根据料蛋比或料肉比的高低选出质量较好、价格适中的饲料，以降低成本。

三、加工配合饲料的误区

1. 不注意饲料粒度对吸收率的影响

许多养蛋鸡户在购买浓缩料、预混合饲料配制配合饲料时，担心蛋鸡消化不良，将玉米、豆粕等原料粉碎过细，岂不知如此会影响蛋鸡的消化吸收率。合适的饲料粒度可以增加蛋鸡胃肠道消化酶或微生物作用的机会，提高饲料的消化利用率，减少营养物质的流失及粪便排泄量及对环境的污染；能使各种原料混合均匀、生产质地均一，有效防止粉状配合料混合不均等。一般认为饲料原料粒度为：蛋鸡前期 0.7～0.8 毫米，蛋鸡中期 1.0～1.5 毫米，产蛋期 1.5～2.0 毫米。

2. 认为饲料原料的添加无顺序

配合饲料的加料程序为：配比量大的组分先加入，少量或微量组分后加入；粒度大的料先加入，粒度小的料后加入；容重小的料先加入，容重大的料后加入；液体料应在粉料全部进入混合机后再喷加。

3. 饲料混合不均匀

饲料加工时要混合均匀，各种原料要严格按配方比例准确称量，搅拌时间要控制好，以防搅拌不匀或饲料分级。应特别注意的是，添加量在1%以内的添加剂，要采用多次分级预混的方法，即先用少量辅料与添加剂混匀，再与更多的辅料混匀，最后混入整个日粮中搅拌均匀，否则会因采食不均而发生营养缺乏或中毒。

4. 认为饲料混合的时间越长越好

饲料混合时间的长短、混合速度的快慢，主要由混合机的机型及设备本身制造精密的高低决定。一般而言，卧式混合机混合均匀所需要的时间相对短些，立式混合机则需时长些。此外，混合时间的长短还取决于原料的类型及其物理特性等其他因素。一般卧式混合机混合时间为3~7分钟，立式混合机为8~15分钟，不要过度混合。饲料混合时间过短，混合不均匀；混合时间过长，物料在混合机中被过度混合会造成分离，影响质量且增加能耗。

【提示】

配合饲料加工要考虑饲料原料类型、消化吸收率、加工设备等因素，并科学选择饲料原料的加工粒度，注意添加顺序及混合时间。

四、饲料配制的误区

1. 饲养标准选择不当

养殖户在配制饲料前，必须先详细了解所养鸡的品种、日龄、生产水平、生产目的，正确选用恰当的饲养标准或者合适的预混合饲料、浓缩饲料，确定鸡的营养需要量，再与饲料的供给量结合起来，以满足鸡的各种需要，并以提高饲料的转化率为目的，最大限度地发挥鸡的生长和生产性能。

2. 饲料配方不合理

鸡的胃容积小，消化道短，在配制饲料时，要考虑饲料的营养水平、适口性、容积、消化率和营养成分间的平衡，既让鸡吃饱吃净，又能满足鸡的营养需要。同时，为了保证饲料营养全面、平衡，要多选用几种原料，充分发挥各饲料间的营养互补作用。

3. 未充分利用当地饲料资源

饲料占生产成本的比例较大，可达70%左右。配合日粮时要充分掌握当地的饲料来源情况和原料价格特点，因地制宜，充分开发和利用当地的饲料资源。选择饲料原料要充分利用本地价格便宜、质量好、来源有保障的饲料，尽量节省运费、降低饲料成本。

4. 饲料原料质量重视不够

在购买饲料原料时要特别注意原料的质量。要选用新鲜、质量纯正、品质稳定的原料，禁用发霉变质、掺假、品质不稳定的原料。慎用含有毒素的原料，如棉饼含有棉酚，要严格控制用量，用量不要超过日粮的5%。

5. 消化生理特点考虑不充分

蛋鸡肠道相对较短，对粗纤维的消化利用率较低，若日粮中粗纤维含量过高，不但会增加饲料的容积，影响能量、蛋白质、矿物质、维生素的摄入，还会影响蛋鸡对这些营养物质的消化和吸收。因此，雏鸡饲料中粗纤维的含量不超过3%，育成鸡和蛋鸡饲料中粗纤维的含量不超过7%。

6. 盲目使用饲料添加剂

蛋鸡饲料添加剂有多种，在配制饲料时，要选用品种全、剂量准的添加剂。要根据鸡的品种、生长阶段、生产目的、生产水平选用不同的添加剂并确定添加比例。一定要按产品使用说明添加，特别是药物添加剂必须控制使用量和使用时间，以防中毒。

7. 饲料配方随意变动

若需要改变饲料种类或日粮配方，应逐步进行或在饲喂时有1周左右的过渡期，以免因日粮种类或配方的突然变化而影响蛋鸡的消化机能及正常生产。产蛋鸡和雏鸡对日粮变化敏感，日粮配方不应频繁变动。

8. 对饲料安全性重视不够

饲料要清洁、卫生、无异物，更不能有病原微生物污染，否则，不但影响饲料的利用率，还会导致产品安全问题。因此，配制蛋鸡日粮时选用的饲料原料，包括饲料添加剂在内，其品质、等级必须经过严格细致的检测，过关后方可使用。

【提示】

配合饲料的配制要严格按照饲养标准或生产实践来配制，充分考虑蛋鸡消化生理特点，保证饲料原料多样化、适口性好、混合均匀、饲料安全。

五、饲喂误区

1. 重蛋白质，轻能量，忽视饲料蛋白的利用率

在蛋鸡生产过程中，一些养殖户存在重蛋白质，轻能量，而且忽视饲料蛋白质利用率的现象。从某种意义上讲，能量比蛋白质更重要。能量决定鸡群产蛋率的高低，蛋白质决定蛋重的大小。鸡体在维持生存和生产中，能量起着主导性的作用。当饲料中的蛋白质偏高，在蛋白质分解成能量的同时，会产生大量尿酸，引起鸡的痛风，同时还增加饲料成本，因此，高蛋白低能量的饲料不是优质饲料。要保证能量与蛋白质平衡，让能量和蛋白质各尽其责。

2. 蛋雏鸡使用肉雏鸡料，或蛋雏鸡料和肉雏鸡料混合使用

有的养殖户用肉雏鸡料饲喂0～14日龄蛋雏鸡，这是不科学的。肉雏鸡料蛋白质和能量高，如果用在蛋雏鸡阶段会使心血管发育系统不适应，既不利于蛋鸡育成阶段的体型发育，还会引起营养代谢疾病。也有的养殖户将蛋雏鸡料和肉雏鸡料掺半使用，这样不仅发病率高，也影响长势，降低均匀度，还可能出现肉雏鸡料和蛋雏鸡料药物使用上的配伍禁忌，产生副作用。

3. 用料凭估计，没有确切的量的控制

许多蛋鸡养殖户在蛋鸡的准确用料上是盲目的，大多数是凭估计。要知道，过多用料易造成蛋鸡过肥、早产（特别是中鸡阶段），甚至造成饲料浪费，增加养殖成本；过少则难以达到标准的产蛋体况，或在产蛋期蛋小，产蛋率不高，养殖效益差。此外，在蛋鸡预防治疗疾病，用药混饲时，准确计算用料特别重要。

【小经验】

10日龄前：日用料量=(日龄数+2)克。11～20日龄：日用料量=(日龄数+1)克。21～50日龄：日用料量=(日龄数)克。51～150日龄：日用料量=[50+(日龄数−50)÷2]克。150日龄以上的产蛋鸡日用料量应稳定在（100±12）克。

4. 忽视育成料，使用低质量的便宜料

有的养殖户认为育成蛋鸡又不产蛋，用料好坏都一样，就用低质量的便宜料。其实育成期是保证鸡均匀度高的重要时期，只有保证育成期的营养供给，才能达到育成期的培育目标。育成期末标准：一是开产时的标准体重和标准体型；二是均匀度高；三是抗体水平高，免疫力高；四是合理的性成熟和体成熟，适时开产。

5. 盲目使用添加剂

有的养殖户随意添加多种维生素、微量元素，这样既增加了养殖成本，又造成一些不良反应。添加剂不是使用得越多越好，各种阶段的蛋鸡

料都添加了足够量的维生素和微量元素。如果养殖过程中再添加，就会添加过量，导致各成分不平衡，产生腿病、软壳蛋等现象，使生产性能下降。

6. 行情不好时降低饲料使用的档次

很多养殖户为了节约养殖成本，在行情不好的时候使用便宜料。调查发现，坚持用优质饲料的养殖户，产蛋率高达90%以上，蛋重大，料蛋比低，基本处于保本和微利状态；而使用低质量饲料时料蛋比高，高峰持续时间短，用药成本高，死亡率、淘汰率也高，处于赔钱状态。

7. 突然换料，无过渡期

蛋鸡饲喂至某阶段，由于其营养需要发生变化，必须更换饲料。有些养殖户突然更换饲料品种，将原饲料全部换成新饲料，无过渡期，导致应激增多，采食减少，生长缓慢，肠胃不适，患病增多。

【小经验】

生产实践中，若必须换料，需要逐步过渡，一般过渡期前3天，1/3新饲料加2/3原饲料，后3天，2/3新饲料加1/3原饲料，从而使蛋鸡顺利完成饲料更换。

8. “两掺”使用饲料

有些养殖户喜欢两种不同厂家的饲料放在一起用，号称“两掺”。由于很多养殖户缺乏专业知识，只靠所谓的“眼见为实”，在没有专业知识和数据分析做支撑的情况下，“两掺”结果弊大于利，而且危害多多。一是改变原来饲料的营养平衡，造成鸡群产蛋性能下降；二是变相增加养殖成本；三是鸡群疾病隐患增多。

【提示】

蛋鸡饲喂是一项技术活，饲喂方法、饲喂量、饲料更换、饲料形状选择等，要以蛋鸡的实际需要为依据，切不可过于随意。

第二节　提高饲料利用率的主要途径

一、正确了解蛋鸡常用的饲料原料

1. 能量饲料（图4-3）

常用能量饲料的优缺点及用量见表4-1。

图 4-3　主要能量饲料

表 4-1　常用能量饲料的优缺点及用量

饲料名称	优　点	缺　点	日粮占比
玉米	可利用能量高，粗纤维少，消化率高，适口性好，脂肪含量高；脂肪含量高于其他籽实类饲料，且脂肪中不饱和脂肪酸含量高	蛋白质含量较低，为7.2%~9.3%，平均为8.6%；缺乏赖氨酸、蛋氨酸和色氨酸，钙、磷及B族维生素含量较低 粉碎后易酸败变质，不易长期保存	50%~70%
大麦	蛋白质含量11%，代谢能为玉米的77%，氨基酸中除亮氨酸和蛋氨酸外，均高于玉米，含有丰富的B族维生素和赖氨酸	利用率低于玉米，适口性较差，粗纤维含量高	中雏和后备母鸡15%~30%；蛋鸡10%
小麦	适口性好，蛋白质含量较高，为13%，代谢能约为玉米的90%，B族维生素含量丰富	赖氨酸和苏氨酸含量低，粗脂肪和粗纤维含量也较低，含胶质，磨成细粉状湿水后会结成糊状而粘口，影响采食，还会在嗉囊中形成团状物质，易滞食	10%~20%
高粱	淀粉含量与玉米相仿，能量稍低于玉米，蛋白质略高于玉米	品质较差，消化率低，脂肪含量低于玉米，赖氨酸、蛋氨酸和色氨酸含量低；含有单宁，适口性差	5%~15%

（续）

饲料名称	优　点	缺　点	日粮占比
稻谷	蛋白质含量低（仅8.3%左右）	粗纤维含量高（可达8.5%以上），代谢能水平低（仅11兆焦/千克）	15%~20%
麸皮	蛋白质含量高，达12.5%~17%，粗脂肪含量高，各种氨基酸均好于玉米，营养成分较为均衡，富含B族维生素，适口性好，有轻泻作用	苏氨酸含量低，粗纤维含量偏高，含钙少	育成鸡5%~7%；产蛋鸡7%~10%
米糠	粗脂肪和能量含量高，含有丰富的磷	粗纤维含量高，为9%左右，易酸败变质，主要是植酸磷，利用率低	8%

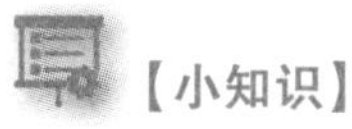
【小知识】

能量饲料主要成分是碳水化合物，用于提供蛋鸡所需的能量。粗纤维含量低于18%，粗蛋白质含量低于20%，包括谷物类、糠麸类、块根块茎类、糟渣类和薯类等，是蛋鸡用量最多的一类饲料，占日粮的50%~80%。

2. 蛋白质饲料

（1）动物性蛋白质饲料　常用动物性蛋白质饲料的优缺点及用量见表4-2。

表4-2　常用动物性蛋白质饲料的优缺点及用量

饲料名称	优　点	缺　点	日粮占比
鱼粉	蛋白质含量高，为50%~65%，粗脂肪含量为4%~10%，富含赖氨酸、蛋氨酸、色氨酸及B族维生素，食盐含量高，钙磷含量丰富，比例适宜	精氨酸含量较少，国产鱼粉，盐的含量偏高，易受沙门菌污染	3%~5%

（续）

饲料名称	优　　点	缺　　点	日粮占比
肉骨粉	蛋白质含量为50%~60%，钙、磷和赖氨酸含量较高，且比例适当，富含B族维生素，含有大量的钙、磷和锰	蛋氨酸和色氨酸含量低，粗脂肪含量较高，易腐败变质	<6%
蚕蛹	蛋白质含量高，为60%左右，蛋氨酸、赖氨酸和色氨酸含量较高	脂肪高，精氨酸含量较低，有腥臭味，多喂会影响产品味道；1月龄内的雏蛋鸡不宜使用，易引起腹泻	2%~5%
羽毛粉	蛋白质含量高，达80%以上，胱氨酸含量高，异亮氨酸次之	蛋氨酸、赖氨酸、组氨酸、色氨酸含量均低，氨基酸极不平衡	<5%

（2）植物性蛋白质饲料　常用植物性蛋白质饲料的优缺点及用量见表4-3。

表4-3　常用植物性蛋白质饲料的优缺点及用量

饲料名称	优　　点	缺　　点	日粮占比
大豆饼（粕）	蛋白质含量高，为40%~48%，赖氨酸和B族维生素含量丰富	缺少维生素A和维生素D，含钙量也不足；生大豆含有抗胰蛋白酶，影响营养物质的消化吸收	10%~30%
花生饼（粕）	蛋白质含量为40%~48%，适口性好，硫胺素、烟酸、泛酸含量高	含脂肪偏高，易发生霉变，产生黄曲霉毒素	<4%
菜籽饼（粕）	蛋白质含量为35%~38%，介于大豆饼（粕）与棉仁饼（粕）之间，富含蛋氨酸	赖氨酸、精氨酸含量低；含有芥酸、硫苷、芥子酶及单宁，会产生有毒物质，需经去毒才能作为蛋鸡饲料	8%

（续）

饲料名称	优　点	缺　点	日粮占比
棉籽饼（粕）	蛋白质含量为33%~44%	赖氨酸不足，蛋氨酸含量也低，精氨酸过高，且含棉酚等有毒成分	产蛋鸡3%~5%，雏鸡、育成鸡8%~10%
葵花籽饼（粕）	蛋白质含量为40%左右，粗脂肪含量不超过5%，蛋氨酸含量高于大豆饼	粗纤维含量在13%左右，赖氨酸含量不足	<20%
芝麻饼（粕）	蛋白质含量为40%左右，含蛋氨酸特别多	赖氨酸含量不足，精氨酸含量过高	<10%（雏鸡不用）

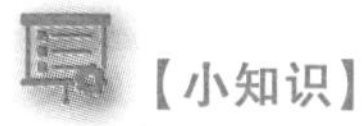
【小知识】

粗蛋白质含量大于20%，粗纤维含量小于18%的饲料为蛋白质饲料。其中以大豆饼（粕）最好，菜籽饼和棉籽饼含有有毒物，用时要进行脱毒处理，并严格限制用量；花生饼适口性虽好，但多吃易致腹泻，易被黄曲霉菌污染，造成黄曲霉毒素中毒，应妥善保管。

3. 矿物质饲料

常用矿物质饲料的优缺点及用量见表4-4。

表4-4　常用矿物质饲料的优缺点及用量

饲料名称	优　点	缺　点	日粮占比
贝壳粉	含有94%的碳酸钙（38%的钙），可加工成粒状和粉状2种，粗细各半混合使用，补钙效果更佳	吸收率低	2%~8%
肉骨粉	钙、磷含量丰富，约为32%和14%，比例适当	品质差异较大	1%~3%
石粉	含钙量高，高达38%，价格低廉	注意铅、汞、砷和氟的含量，不能超过安全范围	雏鸡、育成鸡<2%，产蛋鸡2%~6%

（续）

饲料名称	优　点	缺　点	日粮占比
磷酸氢钙	含钙23.2%，磷18.5%	注意含氟量不能超过0.2%	2%~3%
食盐	钠和氯的来源，植物性饲料缺钠和氯，必须额外补充	用量过大易中毒	0.3%~0.37%

【小知识】

为了满足蛋鸡的需要，应在其日粮中补加钙、磷、钠、氯及各种微量元素，而钾、硫、镁在饲料原料中含量丰富，一般不予添加。在矿物质中，蛋鸡对钙、磷的需要量最多。

4. 维生素饲料

规模化养鸡场主要通过使用维生素添加剂，包括人工合成的各种单项维生素及复合维生素。此外，也可喂食青绿饲料。青绿饲料包括幼嫩的栽培牧草（如紫花苜蓿、三叶草、聚合草、黑麦草等）、蔬菜类（白菜、青菜、甘蓝、萝卜等）、野草和水生饲料（如水浮莲、水花生、浮萍等）。

5. 饲料添加剂

饲料添加剂能提高饲料利用率，完善饲料营养价值，促进蛋鸡产蛋和防治疾病，减少饲料在贮存期营养物质损失，提高适口性，增进食欲，改进产品品质等。饲料添加剂分营养性添加剂和非营养性添加剂两类。

（1）营养性添加剂

1）微量元素添加剂。主要用于补充饲料中微量元素的不足。有单一的微量元素添加剂，也有复合的。一般饲料中的微量元素含量忽略不计，另外用无机盐以添加剂的形式按蛋鸡的需要量补充到饲料中。常用的微量元素添加剂见表4-5。

表4-5　常用的微量元素添加剂

微量元素	添加剂名称
钠	氯化钠、硫酸钠、磷酸二氢钠
镁	硫酸镁、氧化镁、氯化镁

（续）

微量元素	添加剂名称
铁	柠檬酸亚铁、富马酸亚铁、乳酸亚铁、硫酸亚铁、氯化亚铁、氯化铁
铜	氯化铜、硫酸铜
锌	氧化锌、氯化锌、碳酸锌、硫酸锌
锰	氯化锰、氧化锰、硫酸锰、碳酸锰
碘	碘化钾、碘化钠、碘酸钾
钴	氯化钴
硒	亚硒酸钠

2）氨基酸添加剂。主要有 DL-蛋氨酸、L-赖氨酸及硫酸盐或盐酸盐、L-苏氨酸、L-色氨酸、L-精氨酸、甘氨酸和 L-酪氨酸等添加剂。在配合饲料时，根据蛋鸡的饲养标准及饲料中的含量，利用人工合成的氨基酸来补充蛋鸡的营养需要，从而提高饲料蛋白质的营养价值，减少饲料浪费，提高经济效益。常规蛋鸡日粮中氨基酸添加量为 0.7%～1.2%。氨基酸添加剂形式目前主要有固态和液态 2 种。

3）维生素添加剂。主要用来补充饲料中维生素的不足，有单一制剂，也有复合制剂。一般而言，维生素添加剂可根据饲养标准和产品说明添加。具体应用时，还要根据日粮组成、饲养方式、蛋鸡的日龄、健康状况、应激与否等适当添加。维生素添加剂的用量通常在配合饲料中添加 0.1% 或加辅料时添加 0.5%～1.0%。

（2）非营养性添加剂

1）防霉剂。包括甲酸、甲酸铵、甲酸钙、乙酸、双乙酸钠、丙酸、丙酸铵、丙酸钠、丙酸钙、丁酸、丁酸钠、乳酸、苯甲酸、苯甲酸钠、山梨酸、山梨酸钠、山梨酸钾、富马酸、柠檬酸等，主要作用是防止饲料发生霉变，降低使用价值。

2）抗氧化剂。包括二丁基羟基甲苯（BHT）、丁基羟基茴香醚（BHA）、乙氧基喹啉、没食子酸丙酯等，主要用于防止脂溶性维生素和脂肪被氧化酸败，一般添加量为 0.01%～0.05%。

3）酶制剂。包括消化酶类和非消化酶类。消化酶主要有淀粉酶、支链淀粉酶、蛋白酶、脂肪酶等，用于补充蛋鸡自身消化酶分泌不足；非消化酶以纤维素酶、半纤维素酶、植酸酶等为主，能促使饲料中某些营养物质或抗营养因子降解。除植酸酶外，主要以复合酶制剂的形式应用。复合酶制剂通常以纤维素酶、木聚糖酶和伊葡聚糖酶为主，以果胶酶、蛋白酶、淀粉酶、半乳糖苷酶、植酸酶等为辅。

4）多糖和寡糖类。包括低聚木糖、低聚壳聚糖、甘露寡糖、果寡糖等，可以提高对营养物质的利用率，改善肠道菌群平衡。

5）微生态制剂。利用正常微生物或促进微生物生长的物质制成的活的微生物制剂，具有调节肠道微生物菌群，快速构建肠道微生态平衡的功效，能明显改善蛋鸡生产性能、免疫器官指数、血液生化指标、肠道菌群及组织学结构完整性。常用的微生态制剂有地衣芽孢杆菌、枯草芽孢杆菌、两歧双歧杆菌、粪肠球菌、屎肠球菌、乳酸肠球菌、嗜酸乳杆菌、干酪乳杆菌、乳酸乳杆菌、产朊假丝酵母、酵酒酵母、沼泽红假单胞菌等。

6）中草药添加剂。把我国传统中草药的四性、五味和中兽医理论有机结合，在饲料中添加一些具有益气健脾、消食开胃、补气养血、滋阴生津、镇静安神等扶正祛邪和调节阴阳平衡的中草药。如黄芪、当归、白头翁、松针粉、蒲公英、金银花、连翘、乳香、大青叶各20克，黄檗、车前子、夏枯草、泽兰叶、甘草各10克，粉碎后按0.3%混饲，可以提高饲料利用率和产蛋率。

【注意】

自2020年1月1日起，退出除中药外的所有促生长类药物饲料添加剂品种。

7）着色剂。如β-胡萝卜素、辣椒红、β-阿朴-8′-胡萝卜素醛、叶黄素、天然叶黄素、角黄素、柠檬黄素、虾青素等。

【注意】

各类饲料添加剂的用量极少，必须在日粮中混合均匀，否则易发生营养缺乏症，或因采食过量而中毒。添加剂预混合饲料应存放在干燥、阴凉、避光处，且开包后应尽快用完，贮存时间不宜过长。

二、科学加工饲料

一般来说，未加工的饲料适口性差，难以消化。有些饲料如饼粕类，鸡采食后经体内水分浸泡膨胀，易引起嗉囊损伤甚至胀裂。因此，一般饲料在饲用前，必须经过加工调制。经过加工调制的饲料，便于鸡采食，改善适口性，增加食欲，提高饲料的营养价值。

1. 粉碎

油饼类和籽实类饲料原料必须用粉碎的方法进行加工。因这些原料皮壳坚硬，整粒喂给不容易被消化吸收，尤其雏鸡消化能力差，只有粉碎坚硬的外壳和表皮后，才能很好地被消化吸收。因此，为了更有效地提高各种精饲料的利用价值，整粒饲料必须经过粉碎或磨细。但是也不能粉碎得太细，太细的饲料不利于鸡采食和吞咽，适口性也不好，一般只要粉碎成小颗粒即可。因富含脂肪的饲料粉碎后容易酸败变质，不易长期保存，所以此类饲料不要一次粉碎太多。

2. 制粒

粉状饲料的体积太大，运输和鸡采食都不方便，且饲料损失多，饲料的制粒则可以避免此种损失。将配合饲料的原料粉碎、混合、搅拌，加水湿润，再压制成颗粒状，可提高饲料营养成分的均匀性、全价性，避免蛋鸡择食，减少饲料浪费。制粒可采用颗粒饲料机制成，一般是将混合粉料用蒸汽处理，经钢筛孔挤压出来后，冷却、烘干制成。

【提示】

饲料加工方法的选择，应根据蛋鸡的饲养阶段、生产用途、饲养方式及使用便利性等来确定。

三、科学配制日粮

1. 配制原则

(1) 营养全面 配制日粮时，必须以蛋鸡的饲养标准为基础，结合生产实践经验，对标准进行适当的调整，以保证日粮的全价性；同时，注意饲料的多样化，做到多种饲料原料合理搭配，以充分发挥各种饲料的营养互补作用，提高日粮中营养物质的利用率。

(2) 经济原则 选择饲料时应考虑经济原则，尽量选用营养丰富、价格低廉、来源方便的饲料进行配合，注意因地制宜，因时制宜，尽可能发挥当地饲料的资源优势。

(3) 适口性 配制饲料须考虑蛋鸡的消化生理特点，选用适宜的原料，注意日粮品质和适口性，忌用有刺激性异味、霉变或含有其他有害物质的原料配制日粮。日粮的粗纤维含量不能过高，一般不宜超过6%，否则会降低饲料的消化率和营养价值。

（4）稳定性 所选用的饲料应来源广而稳定，日粮也要保持相对稳定。若确需改变时，应逐渐更换，最好有1周的过渡期，以免影响食欲，降低生产性能。配制日粮必须混合均匀，加工工艺合理。

2. 配制方法

日粮配制的方法有试差法、对角线法、联立方程法、线性规划法等，使用较多的是试差法。试差法是先列出养分含量和蛋鸡的营养需要；从满足能量、粗蛋白质需要开始（然后再满足矿物质、氨基酸），设计出初步配方，并计算出各种营养成分的和；然后再与标准对比，逐步地对配方做适当调整，直到符合要求为止。有条件的蛋鸡场可采用电脑配方软件进行设计，以使配方更科学。在此以试差法为例，利用玉米、麸皮、豆粕、鱼粉、磷酸氢钙、石粉等原料为生长蛋鸡（9~18周龄）配制饲料。

【提示】

试差法设计时，为简便运算，可采用 Excel 工作表来计算。

（1）列出饲料养分含量和蛋鸡的营养需要 产蛋前期蛋鸡营养需要和所用饲料原料的养分含量，分别见表4-6、表4-7。

表4-6 生长蛋鸡的营养需要（9~18周龄）

代谢能/（兆焦/千克）	粗蛋白质（%）	钙（%）	有效磷（%）	蛋氨酸+胱氨酸（%）	赖氨酸（%）
11.70	15.5	0.8	0.35	0.55	0.68

表4-7 所用饲料原料的营养成分含量

饲料	代谢能/（兆焦/千克）	粗蛋白质（%）	钙（%）	有效磷（%）	蛋氨酸+胱氨酸（%）	赖氨酸（%）
玉米	13.56	8.7	0.02	0.05	0.38	0.24
麸皮	6.82	15.7	0.11	0.32	0.55	0.63
花生饼	12.56	44.7	0.25	0.53	0.77	1.32
豆粕	11.30	44.2	0.33	0.16	1.24	2.68

（续）

饲料	代谢能/（兆焦/千克）	粗蛋白质（%）	钙（%）	有效磷（%）	蛋氨酸+胱氨酸（%）	赖氨酸（%）
鱼粉	11.80	60.2	4.04	2.90	2.16	4.72
磷酸氢钙			23.29	18.00		
石粉			35.84	0.01		

【提示】

表中饲料养分含量可以由中国饲料成分及营养价值表（第30版）查出，或登录中国饲料数据库（http://www.chinafeeddata.org.cn/）查询。

（2）初拟配方 根据实践经验，初步拟定饲粮中各种饲料的比例。蛋鸡日粮中各类饲料的比例一般为：能量饲料50%～60%，蛋白质饲料5%～30%，矿物质饲料等3%～3.5%（其中维生素和微量元素预混合饲料一般各为0.5%）。初拟配方后并计算出各种营养的和，再与标准量对比，在配方中可以先留出2%～3%的饲料量，作为某种营养不足时的补充（表4-8）。

表4-8 配方预算结果

饲料	配比（%）	代谢能/（兆焦/千克）	粗蛋白质（%）	钙（%）	有效磷（%）	蛋氨酸+胱氨酸（%）	赖氨酸（%）
玉米	65	8.814	5.655	0.013	0.0325	0.247	0.156
麸皮	15	1.023	2.355	0.0165	0.048	0.0825	0.0945
豆粕	14	1.582	6.188	0.0462	0.0224	0.1736	0.3752
花生饼	2	0.2512	0.894	0.005	0.0106	0.0154	0.0264
鱼粉	1	0.118	0.602	0.0404	0.029	0.0216	0.0472
合计	97	11.7882	15.694	0.1211	0.1425	0.5401	0.6993
标准		11.7	15.5	0.8	0.35	0.55	0.68
差		0.0882	0.194	-0.6789	-0.2075	-0.0099	0.0193

（3）调整饲料的用量 从表4-8可以看出，能量、粗蛋白质基本符合要求［允许误差为±(1%～5%)］，也可以继续调整使其完全符合标

准为止。

（4）计算矿物质饲料和氨基酸的用量 根据配方计算得知，饲料中钙含量比标准低0.6789%、磷低0.2075%，因磷酸氢钙中含有钙和磷，因此，先用磷酸氢钙来满足磷，需磷酸氢钙为：0.2075%÷18%（磷酸氢钙中磷的含量）=1.15%。1.15%磷酸氢钙可为日粮提供钙为：1.15%×23.29%（磷酸氢钙中钙的含量）=0.268%，钙还差0.6789%−0.268%=0.4109%，可用含钙35.84%的石粉来补充，约需0.4109%÷35.84%=1.15%。

此外，蛋氨酸+胱氨酸比标准低0.0099%，可以用蛋氨酸添加剂直接补充。赖氨酸含量超过标准0.0193%，无须另外添加。

【小经验】

市售的赖氨酸为L-赖氨酸盐酸盐（98.5%），盐酸盐中赖氨酸含量为80%，因此，赖氨酸实际含量为78.8%（98.5%×80%=78.8%）。假如赖氨酸比标准低0.0193%，则赖氨酸补充量为0.0193%÷78.8%=0.02%。

食盐可设定用量为0.37%，维生素添加剂、微量元素添加剂用量为0.33%，不足100%时可用玉米或麸皮（或添加剂）补齐。一般情况下，在能量饲料调整不大于1%时，对饲粮中能量、蛋白质等指标引起的变化不大，可忽略不计。

（5）列出饲料配方及主要营养指标

1）饲料配方。玉米65%、麸皮15%、豆粕14%、花生饼2%、鱼粉1%、磷酸氢钙1.15%、石粉1.15%、食盐0.37%、维生素添加剂和微量元素添加剂0.33%，合计100%。

2）营养指标。代谢能11.79兆焦/千克、粗蛋白质15.69%、钙0.80%、磷0.35%、赖氨酸0.69%、蛋氨酸+胱氨酸0.55%。

【小经验】

配制日粮时先考虑代谢能、粗蛋白质，再考虑钙磷含量比例，最后考虑微量元素及维生素含量。要满足饲料中粗蛋白含量，先选择鱼粉、豆粕、肉骨粉、花生饼等；要满足代谢能指标，则以玉米、小麦、麦麸为主饲料。

第五章
搞好种鸡饲养，向繁殖要效益

第一节　种鸡管理与利用的误区

一、种公鸡饲养管理误区

1. 种公鸡淘汰和补充不及时

种公鸡经过一段时间的配种或采精，有些鸡因病、受伤而丧失繁殖能力，要及时淘汰。自然交配时，有的公鸡因在啄斗序列中排位较低，不敢配种；有的公鸡排位在前，占有较多的母鸡，自身配种过量，又不许其他公鸡交配，影响受精率，这些鸡都要及时淘汰。为保持较高的受精率，要及时补充新公鸡。

【小经验】

补新公鸡可在晚上进行，以减少斗殴，并注意观察补充公鸡后的鸡群情况。

2. 饲养环境不适宜

成年公鸡在 20 ~ 25℃ 环境下，可产生理想品质的精液。温度高于 30℃，导致暂时抑制精子产生，适应后又会产生精子，但数量减少。温度低于 5℃时，公鸡性活动降低。12 ~ 14 小时的光照时间公鸡就可以产生优质精液，光照少于 9 小时精液品质下降。光照强度要求 10 勒克斯以上。

3. 公母比例不合理

自然交配公鸡、母鸡比例为 1:（8 ~ 10），人工授精为 1:30。单笼饲养公鸡在 20 周龄至采精阶段因死亡淘汰率较高，此时应多留种公鸡，实际人工授精时，公鸡、母鸡比例为 1:30 就可满足需要。

4. 母鸡和种公鸡的日粮未分开配制

公鸡和母鸡的生理条件和基础代谢水平截然不同，所需的日粮组成和营养水平也不同。种公鸡应采用低蛋白日粮来降低它的生长速度，但要补充蛋氨酸和赖氨酸，使其仍能获得较好的生长性能。因此，公鸡、母鸡的饲料自 18 周龄后就应该分开配制。公鸡使用单独的公鸡日粮，这样有利于保持其长久的繁殖性能，但是公鸡日粮用量少，不方便生产，可以采用 50% 种母鸡饲料与 50% 育成鸡饲料混合使用。

【提示】

种公鸡的品质直接影响到种蛋的受精率和商品蛋鸡的生产性能。树立正确的饲养管理理念，克服生产误区，才能保证种公鸡的品质。

二、蛋种鸡饲养管理误区

1. 对蛋种鸡体形调控重视不够

衡量蛋种鸡的体形发育标准以骨架作为第一限制因素，体重作为第二限制因素，生产中则以胫长和体重作为具体指标。鸡的骨骼和体重的生长速度不同，骨骼在 10 周内生长迅速，8 周龄雏鸡骨架已完成 75%，12 周龄已完成 90% 以上，而体重则到 36 周龄达到最高点。体形发育的好坏直接影响生产性能的发挥，胫长达标而体重偏轻的鸡群，产蛋早期蛋重小，产蛋率上升缓慢；胫长不达标而体重超标的鸡群会出现早产蛋或发生严重脱肛等现象，死亡淘汰率高；若胫长和体重都不达标，则开产时间延长，少则开产推迟 1 ~2 周，多则推迟 3 ~4 周，产蛋高峰达不到标准，使生产量减少，孵化计划无法安排，严重影响经济效益。

2. 不注意季节和输精时间对输精效果的影响

天气和季节对人工输精的影响主要体现在不同外界温度下进行人工输精操作所获得的受精率水平不同。随着季节变化，气温由低转高时，鸡群受精率和孵化率逐渐下降，而气温由高转低时，受精率和孵化率逐渐上升。当鸡舍温度高于 28℃时，种蛋受精率会出现降低的迹象。而在同一季节，每天下午不同输精时间段，外界气温也会出现由高到低的变化趋势，导致不同输精时间段人工输精操作所获得的受精率也不相同。

【小经验】

京红 1 号蛋鸡建议的人工输精时间为：夏季 14:30 以后；秋季 14:00 以后；冬季与春季 13:30 以后。其他品种蛋鸡一般在 14:30 以后进行人工输精。

3. 对不同产蛋期种蛋的孵化性能认识不够

不同产蛋期种蛋的孵化性能与种鸡的周龄存在着很大关系。从产蛋前期到产蛋高峰期，随着种鸡周龄的增长，种鸡的生殖系统不断完善，当产蛋达到高峰期时，孵化性能各项指标也达到最佳。从高峰期到产蛋后期，随着种鸡周龄的增加，种鸡的生殖系统逐渐退化，孵化性能也逐渐降低，而且也低于产蛋前期。

第二节　提高种公鸡繁殖性能的主要途径

一、做好种公鸡的饲养管理

1. 种公鸡的挑选

（1）第1次选择　在出壳后雌雄鉴别时进行。选留体型外貌符合所养品种（配套系）的标准、生殖器凸起、发达且结构典型的小公鸡，将肢体残缺、体型过小、软弱无力、叫声嘶哑的小公鸡挑出淘汰。

（2）第2次选择　在育雏结束时（35～42日龄）进行。选留健康、体格健壮、活泼好动、眼大有神、体型外貌符合所养品种的标准、体重较大、鸡冠发育大、色泽鲜红的公鸡。

（3）第3次选择　在17～19周龄时进行。选留发育良好、体格健壮、冠髯鲜红、双腿结实、腹部柔软、体重中等，且按摩背部和尾部时尾巴能上翘、有性反射的公鸡。

（4）第4次选择　在22周龄左右进行采精训练时进行。应选留腹部柔软，按摩时肛门外翻，泄殖腔大而松弛、湿润，交配器大、勃起并排出精液质量良好的公鸡；淘汰第2次采精仍采不到精、精液量不足0.3毫升、呈黄色水样及采精时总是排稀粪的公鸡。

2. 育雏期饲养管理（1～8周龄）

此期机体体温调节能力差、抗病力弱、生长发育快、代谢旺盛，是心血管系统、免疫系统、羽毛和骨架发育的关键期。相比母鸡，0～4周龄的公鸡抵抗力更差，对空气质量要求严格，通风不良易引发支原体感染，因此，育雏期应将公鸡放在鸡舍温度高、通风良好的位置。确保前期蛋白质的充足供应，要求1周末达到初生重的2倍。保持良好的体型，公鸡肥胖对采精量影响较大，至8周龄末，85%的骨架发育基本结束，体重应达到900～1000克。

3. 育成期饲养管理（9～19周龄）

体成熟与性成熟同步化是此时期饲养管理的重中之重，育成期公鸡的发育情况直接影响后期精子的活力、密度和精液量。进入育成期，肌肉、骨骼开始快速增长，10～15周龄睾丸开始发育，15周龄后繁殖系统进入发育高峰，因此，此期应密切关注每周体重变化，及时调整鸡群，对体重不达标的鸡只增加营养供给。第二性征开始显现时，为防止公鸡互啄，最好单笼饲养。

4. 采精期饲养管理（20周龄～淘汰）

（1）采精前期（20～21周龄） 采精前应适当增加营养供给，一般可在饲料中添加0.04%的维生素E、0.1%的奶粉或饲喂鸡蛋（需煮熟），以增强公鸡体质，为采精做准备；要求20周龄体重应达到2700～2800克；145～154日龄开始修剪泄殖腔周围的羽毛（一般2～3厘米）；训练公鸡，建立条件性反射；监测精子活力、密度，及时淘汰不合格公鸡。

【提示】

此期一般都在关注鸡群产蛋情况，而忽视了公鸡的管理。殊不知采精前期公鸡的体质和训练的成功与否直接影响后期公鸡的使用，因此在采精前期必须重视公鸡的饲养管理。

（2）采精期（22周龄至淘汰） 采精期要关注各周公鸡的体重变化，防止过度使用。公鸡饲料的营养成分应以低蛋白质、高品质为原则，一般蛋白质在13%～15%的水平就可满足采精的需要，但要求各种氨基酸配比一定要均衡。目前，一些种鸡企业还没有公鸡专用饲料，一直饲喂母鸡饲料。母鸡饲料中蛋白质、钙、磷含量均高于公鸡需要的水平，过多的蛋白质、钙质供给，会增加肾脏负担，长期饲喂易引起肾功能衰退和睾丸萎缩，进而对精液量和精液品质造成影响，因此对公鸡、母鸡一定要分别制定不同的饲料配方，分开饲养；45周龄后公鸡的性功能开始逐渐衰退，精液品质和采精量逐渐下降，应适当加强营养供给。

【提示】

成年公鸡适宜干燥、通风良好、温度为13～25℃的环境，阴冷、潮湿和有贼风侵袭的环境对采精量和精液品质影响很大，因此，在安放公鸡时，应考虑进风口的位置、天气等因素。

二、掌握种公鸡的采精技术

1. 种公鸡的选择

选留体型外貌符合本品种特征、发育良好、雄性特征明显、冠大而鲜红、性反射良好的公鸡；数量按公鸡、母鸡比例1:10选留。实施人工授精时，每半年更换1次种公鸡，可有效提高种蛋受精率。每次采精量为0.4~1毫升。

2. 采精人员要相对固定

采精的熟练程度、手势和力度的不同，均会影响种公鸡的刺激和性反射，从而影响采精量和精液品质。

3. 采精前调教训练

将泄殖腔周围2厘米范围内的羽毛剪掉，以防鸡粪、羽毛屑等掉入集精管内污染精液。每天15:00~17:00进行调教训练，每天1~2次，经过3~5天的训练，公鸡就可建立良好的条件反射。对多次调教训练仍采不到精液及交尾器凸起不明显、射精量少、精液稀薄、精子密度小且活力差的公鸡要予以淘汰。

4. 单笼饲养

选中的公鸡放入舍内实行单笼饲养，公鸡的笼位不随意变换，以避免相互斗殴，采精前2周将公鸡上笼，使其适应熟悉环境，以利于采精。

5. 适当的采精次数

由于公鸡的射精量、精子的浓度与采精次数有密切关系，采精过于频繁，会影响精液的质量。一般采精以每周3次或隔日采精为宜。若配种任务重可连续采精4~5天休息2天，但需注意补充饲料中的蛋白质和维生素A、维生素E等的含量。

6. 采精前停食

公鸡采精前需停食3~4小时，避免饱食后采精时排粪便，影响精液品质。

7. 用具消毒

为避免人为传播疾病和达到良好的受精效果，人工授精器具使用前都应清洗、消毒，整个过程应按无菌操作要求进行。采精前需用生理盐水冲洗有刻度的平底集精管、移液器的内壁2次。

8. 精液的保存和使用

采集的精液应立即置于37~40℃水温的保温杯内保存。若进行精液品质检查，最好每只公鸡的精液分别用集精管装好并做好标记，这样便于剔除精液品质差的公鸡。精液最好在采精后 30 分钟内输完。

【注意】

精液保存时间过长，精液的 pH、渗透压等发生改变，易降低受精率。

9. 精液稀释

若精液现采现用，可用生理盐水或 5.7% 葡萄糖等稀释液稀释。稀释的倍数一般按 1:(1~3) 稀释，稀释液应沿集精管壁缓慢加入并轻轻转动，重复 3~4 次，高倍稀释时，应逐步进行，不可一次稀释到位，以免影响精液质量。精液稀释的全过程应在采精后 4~5 分钟内完成。为确保精液与稀释的温度接近，精液和稀释液分别装入试管中，并置于 40~50℃水温的保温杯内进行预热后方可稀释。

第三节　提高蛋种鸡产蛋性能的主要途径

一、做好开产前的饲养管理

【提示】

18~22 周龄为产蛋前期。这段时间母鸡生理变化剧烈、敏感，适应力较弱，抗病力较差，若饲养管理不当，极易造成极大应激，影响产蛋。

1. 整理鸡舍，准备转笼

转笼前要检修鸡舍及设备，认真检查喂料、饮水、供电照明、通风、排水系统及笼具、笼架等设备，如有异常应及时维修；同时，要对鸡舍彻底清扫、消毒，备好饲料、用具、生产记录本等。

2. 转群上笼

一般在 16~17 周龄前上笼，以便让新母鸡有一段时间熟悉和适应环境，给免疫接种留出时间。转群上笼时间最好安排在晚上，捉鸡、运鸡和入笼动作要轻，以减少应激。入笼时要按品种要求剔除体形过小、瘦弱鸡和无饲养价值的残鸡，选留精神活泼、体质健壮及体重适宜的优质鸡。最后可以把较小的和较大的鸡留下来，分别装在不同的笼内，采取特殊措施加强管理，促使其均匀整齐。

3. 光照管理

体重符合要求或稍大于标准体重的鸡群，可在16～17周龄时将光照时数增至13小时，以后每周增加20分钟，直至光照时数达到16小时，而体重偏小的鸡群则应在18～20周龄时开始补充光照。光照强度：密闭舍以10～15勒克斯为宜，开放舍一般要保持在15～20勒克斯范围内。与白炽灯、节能灯相比，在蛋鸡养殖实际应用中使用3瓦的LED灯进行人工补光效果较好。

4. 适时更换饲料

开产前2周，骨骼中钙的沉积能力最强。为使母鸡高产，降低蛋的破损率，减少产蛋鸡疲劳症的发生，应从17周龄起把日粮中钙的含量由0.9%提高到2.5%。产蛋率达20%～30%时，换上含钙量为3.5%的产蛋鸡日粮。目前，市场上蛋鸡产蛋期预混合饲料分16～17周龄、开产至高峰期、产蛋高峰期、产蛋后期或16周龄至50%产蛋率、50%产蛋率至58周龄、59周龄至淘汰等阶段，养殖户可以根据自己情况科学选择。此外，要保证采食量、饮水量，饲养密度要适中。当鸡群产蛋率达到5%时，开始饲喂产蛋高峰期饲料，即预付营养，这样有利于鸡群达到产蛋高峰，解决因饲料营养水平不足而不能达到产蛋高峰的问题。

5. 免疫接种

开产前2～3周，根据免疫程序适时免疫接种，如新支减三联灭活苗等。

6. 适宜环境

产蛋鸡舍的最佳温度为15～25℃，相对湿度为60%～65%，过高或过低都不利于产蛋。秋季温差较大，白天要注意降温，夜间要注意防寒保暖，随时注意调节温度、湿度。鸡舍内外每天都要打扫，清除粪便；做好通风换气，保持空气新鲜。每天捡蛋3～4次，减少破损。

7. 加强驱虫

开产前要做好驱虫工作。110～130日龄的鸡，左旋咪唑按20～40毫克/千克体重或枸橼酸哌嗪（驱蛔灵）200～300毫克/千克体重混饲，每天1次，连用2天；球虫污染严重时，上笼后要连用抗球虫药5～6天。

8. 减少应激

入笼前在蛋鸡舍料槽中加上饲料，水槽中注入水，并保持适宜光照强度，使鸡入笼后立即饮到水、吃到料，尽快熟悉环境。保持工作程序稳定，更换饲料时要有过渡期。开产前应激因素多，可在饲料或饮水中加入抗应激剂以缓解应激，常用的有维生素 C、延胡索酸等。

9. 精心观察

注意细致观察鸡的采食、呼吸、粪便和产蛋率上升等情况，发现问题及时解决。鸡开产前后，生理变化剧烈，敏感不安而易发生挂颈、扎翅等现象，应多巡视，及早发现和处理，以减少死亡。注意观察，及时发现脱肛鸡、啄肛鸡、受欺负鸡和病弱残疾鸡，挑出处理。

二、做好产蛋高峰期的饲养管理

【提示】

25 ~44 周龄为产蛋高峰期，一方面要保证产蛋鸡的标准体重和健康体质，以满足产蛋生产的需要；另一方面要保持环境舒适安静。

1. 减少应激

蛋鸡在产蛋高峰期由于产蛋量大，代谢强度大，体内各组织器官的负担很大，一直处于应激状态。因此，在产蛋高峰期要尽量减少各种应激，如保持生产管理程序的相对稳定，每天的加料、捡蛋、消毒、打扫清洁等应定时，饲养员要固定，不能断水、断料、断电；防止小环境条件的突然改变，如开灯、关灯时间，舍内温度等；保持高产日粮的原料与营养水平的稳定性，不要随意更换饲料，确需特殊原因需要改变，需提前 2 周做好饲料的准备，并有 5 ~7 天的过渡期；防止惊群；在产蛋高峰期，尽量避免抓鸡、注射、断喙、使用驱虫药物或抗菌药物，特别情况下可拌药和饮水免疫预防，也可在饲料、饮水中提前添加维生素 C。

【注意】

喂料时间要避开上午 8:00 ~10:00 鸡群产蛋集中的时间，尽可能避免对鸡群造成应激的一切因素，种鸡应避免在下午输精期间喂料。

2. 适宜的环境条件

产蛋鸡舍的最佳温度为 15 ~25℃，相对湿度为 60% ~65%。加强通风换气，保持空气清新，风速适宜，冬季适宜风速为 0.1 ~0.2 米/秒，春、秋季鸡舍通风以维持温度的相对稳定为主。昼夜温差控制在 3 ~5℃

以内，光照时间每天维持在16小时，光照强度为3～5瓦/米^2，饲养密度为3～4只/笼（彩图3）。

3. 满足营养需要

（1）提高蛋白质水平 产蛋率达到80%时，饲料中蛋白质含量为18%，以后产蛋率每提高10%，日粮中的蛋白质水平应相应提高1%左右，同时要注意日粮中的蛋白质质量和氨基酸平衡，在鱼粉质量有保证且价格不高于2倍豆粕价格的时候用鱼粉替代部分豆粕，要将棉粕、菜粕的用量分别控制在5%和3%以下。此外，当预计产蛋率上升时，要提前1周喂饲较高蛋白质的日粮，促使产蛋高峰迅速到来。当产蛋率开始下降时，使用的日粮蛋白质水平也要退后1周再降低，以使产蛋率下降的速度减缓，产蛋高峰期延长。

（2）控制能量浓度 能量浓度每增加或减少1%，蛋鸡对日粮的采食量相应减少或增加0.5%。因此，若日粮中能量高，蛋鸡就吃得少，易造成蛋白质的不足，产蛋减少；若日粮中能量低，蛋鸡则吃得多，易造成浪费。因此，日粮中能量与蛋白质及采食量之间要保持平衡，当产蛋率达90%时，日粮代谢能应在11.34～11.55兆焦/千克。

【小经验】

对产蛋高峰处于夏季的鸡群，应通过提高日粮中能量物质的浓度来改善由于高温引起的采食量减少，目前较为理想的方法是用1%～2%的脂肪代替部分碳水化合物。

（3）补充钙、磷和维生素 当鸡群进入产蛋高峰期，即产蛋率大于80%时，应及时用碳酸钙、贝壳粉、蛋壳粉或其他钙源在每天的12:00～18:00单独补钙，使钙含量达到3.5%～4.0%。补磷要以保持饲料中(4～6):1的钙、磷比例为前提，常用磷酸二氢钠、磷酸氢二钠等进行补充。维生素的补充一般是在日粮中添加0.01%的多种维生素和维生素A、维生素D、氯化胆碱及微量元素生长素各0.1%。

【小经验】

实践表明，即使钙供给充足，破蛋问题仍十分严重，如果额外补充1～2倍的维生素D能够很好解决钙吸收问题，有效改善蛋壳质量。

（4）供给充足饮水 鸡每天有3次饮水高峰期，即每天8:00、12:00、

18:00左右。缺水的后果往往比缺料更严重，饮水不足可使产蛋率下降2%。通常情况下，每只蛋鸡在春秋季、夏季和冬季的日需水量分别为200毫升、270～280毫升和100～110毫升，且产蛋率越高日需水量越大。因此，对进入产蛋高峰期的蛋鸡应根据不同季节适时调整供水量，同时，要合理放置和及时维修饮水器具，防止漏水或断水。给水温度不得低于5℃，以15℃为佳。

4. 精细化管理

（1）保持清洁卫生 定期对鸡舍和周围环境等进行清洁消毒，保持设备用具、日粮、饮水、蛋鸡本身和饲养人员干净。

（2）经常观察鸡群 每天早晨开灯后、晚上熄灯前观察鸡群的精神状态，采食与饮水情况，粪便的颜色与性状，乳头式饮水器有无漏水或堵塞情况，羽毛是否有光泽，鸡冠及肉髯颜色是否鲜红，鸡群的呼吸声是否异常，蛋壳质量和颜色是否正常。及时处理卡颈鸡、卡翅鸡、骨折鸡，对疑似病鸡及时隔离及剖检，及时挑出啄癖鸡并单独饲喂，仔细查看低产鸡及停产鸡。

（3）观察产蛋情况 看产蛋量：产蛋高峰期的蛋鸡，产蛋量有大小月之分，产量略有差异是正常的，但若波动较大，说明鸡群不健康。产蛋量突然下降20%，可能是受惊吓、高温环境或缺水所引起；下降40%～50%，则应考虑蛋鸡是否患有减蛋综合征或饲料中毒等。看蛋白：蛋白变粉红色，则是饲料中棉籽饼分量过高，或饮水中铁离子偏高的缘故；蛋白稀薄是使用磺胺药或某些驱虫药的结果；蛋白有异味是对鱼粉的吸收利用不良；蛋白有血斑、肉斑，多为输卵管发炎，蛋白内有芝麻状大小的圆点或较大片块，是蛋鸡患前殖吸虫病。看产蛋时间：70%～80%的蛋鸡多在12:00前产蛋，余下20%～30%于14:00～16:00产蛋。

【小经验】

如果发现鸡群产蛋时间参差不齐，甚至有夜间产蛋，均属异常表现，说明鸡群中已有鸡只发病。

5. 控制好体重

如果蛋鸡体重不达标，产蛋高峰期的维持时间则相应缩短。因此，此期要确保体重周周达标，以保证高峰期的维持。每周龄末，在早晨鸡群尚未给料空腹时，应定时称测1%～2%的鸡群体重。所称的鸡只，要进行定点抽样，每次称测点应固定，每列鸡群点数不少于3个，分布均

匀。当平均体重低于标准 30 克以上时，应及时添加营养，如添加 1% ~ 2% 植物油脂，连续喂 4 ~ 6 天。

6. 防疫驱虫

制定详细的新城疫、禽流感 H9、H5 抗体监测计划，建议每月监测 1 次，抗体水平低于保护值时，及时补免。同时，做好驱虫工作，药物可选用阿苯达唑和伊维菌素等。

7. 做好生产记录

生产记录包括：日期、日龄、气温、存栏数、产蛋量、存活数、死亡数、淘汰数、蛋壳破损蛋数、产蛋率、耗料、蛋重、体重和用药及免疫情况。每周或每月要统计 1 次，计算以下指标：本周产蛋总数、入舍产蛋率、饲养日产蛋率、总蛋重、平均蛋重、只鸡产蛋总重、总耗料量、只鸡耗料量、料蛋比等。管理人员必须经常检查鸡群的实际生产记录，并与该品系鸡的性能指标相比较，找出不足，纠正和解决饲养管理中存在的问题。

三、做好产蛋后期和休产期的饲养管理

1. 产蛋后期的饲养管理

产蛋后期（48 周龄至淘汰）是鸡群生产性能平稳下降的阶段，这个阶段鸡只体重几乎没有变化，但是蛋重增大、蛋壳质量变差，且腹部脂肪沉积，易患输卵管炎、肠炎。产蛋后期的产蛋量占到了整个产蛋期的 50% 左右，且部分养殖户的蛋鸡在 500 多日龄时，产蛋率仍维持在 70% 以上的水平，因此，产蛋后期生产性能的发挥直接影响养殖户的收益水平。

（1）饲料要求 适当降低日粮营养浓度，防止鸡只过肥，造成产蛋性能快速下降；适当加大杂粕类原料的使用比例。若鸡群产蛋率高于 80%，则继续使用高峰期饲料；若产蛋率低于 80%，使用产蛋后期饲料。产蛋高峰期过后，每天下午 3:00 ~ 4:00 投饲时，在饲料中额外添加贝壳砂或粗粒石灰石，可以加强夜间形成蛋壳的强度，有效地改善蛋壳品质；添加维生素 D_3 能促进钙、磷的吸收。

（2）饲喂制度 实施少喂勤添勤匀料的原则。喂料时，料线不超过料槽 1/3；加强匀料环节，保证每天至少匀料 3 次，分别在早、中、晚进行。

（3）适宜环境 温度要保持稳定，鸡群适宜的温度是 13 ~ 24℃，产蛋的适宜温度在 18 ~ 24℃。要保持 55% ~ 65% 的相对湿度和新鲜清洁的空气。注意擦拭灯泡，确保光照强度维持在 10 ~ 20 勒克斯，严禁降低光照强度、缩短光照时间和随意改变开关灯时间。

（4）日常管理 要保持鸡舍人员的相对稳定，提高对鸡群管理的重视程度。严格执行日常管理操作规范，特别要防止鸡只采食过多，变肥而影响产蛋。每周监测鸡群体重，及时淘汰寡产鸡（假母鸡）；及时检修鸡笼设备，鸡笼破损处及时修补，减少鸡蛋的破损；防止惊群引起的产软壳蛋、薄壳蛋现象；随着鸡龄的增加，蛋鸡对应激因素越来越敏感，要尽量避免陌生人或其他动物闯入鸡舍，避免停电、停水等应激因素的出现；经常观察鸡群的采食、饮水、呼吸、精神和产蛋等情况，发现问题及时解决，并做好生产记录，便于总结经验，查找不足。

（5）卫生防疫 进入产蛋后期，必须保证舍内环境卫生及饮水的清洁卫生，避免条件性疾病的发生。饮水线或者饮水槽每1~2周消毒1次。做好新城疫、禽流感抗体检测，无条件检测时，新城疫每2个月免疫1次，禽流感每3~4个月免疫1次。

2. 休产期的饲养管理

自然条件下，母鸡从每年秋季开始都要自然换羽1次，时间较长，一般需3~4个月，且换羽程度不整齐，鸡只产蛋率下降，蛋壳质量不一致。在生产实践中，为了缩短换羽时间，延长鸡的生产利用时间，常采取人工强制换羽。人工强制换羽就是人为采取如停水、断料和控制光照等强制措施给鸡以突然应激，造成新陈代谢紊乱和营养不足，促使鸡迅速换羽后快速恢复产蛋的一种措施。人工强制换羽加快了换羽速度，一般只需要2个月，缩短了休产时间，延长了产蛋鸡的利用时间，提高了蛋鸡的经济效益。

（1）换羽时间 根据市场需要，当每千克蛋生产成本低于商品蛋市场价格时，则应考虑鸡群的淘汰或转入强制换羽阶段，一般要对62~72周龄的产蛋鸡有选择性地强制换羽。

（2）换羽方法

1）饥饿法。目前使用最普遍、效果最好的方法。由于这种方法操作简便、效果明显，故被普遍采用。

① 停喂饲料7~14天，具体停料天数应根据实际情况而定。

② 停水1~4天，与停料同天开始，以后正常供水，同时停止人工光照。

③ 停补光，开始与停料同步，有窗鸡舍停止补充光照，密闭鸡舍限制光照为每天10小时或8小时，在25~30天后开始补光。补光时，开放式鸡舍每周增加光照1~2小时，在2~3周内恢复至15~16小时；密

闭式鸡舍每周增加光照2小时，在3周内恢复到15~16小时。

2）化学法。将含锌药物添加到饲料中，使鸡的食欲中枢受抑制，采食量大大降低，引起休产换羽。在鸡的日粮中加入2%氧化锌或4%硫酸锌，2~3天采食量下降至20克左右，连续供鸡自由采食7天，第8天开始喂正常产蛋鸡饲料。在喂高锌日粮期间不停水，只需将光照降到8小时即可，一般在4~7天内产蛋率降低到2%以下，第10天即能全部停产，3周以后即开始重新产蛋，到第4周产蛋率就可以上升到50%左右。如果管理得当，产蛋率可以逐渐上升，高峰期产蛋率可达75%~80%，一般70%以上的产蛋率维持5个月。

（3）注意事项

1）强制换羽前，要淘汰病、弱、残次、精神不佳及已经自然换羽的鸡。

2）要根据不同品种鸡的特点，去除过肥或过瘦的鸡。一般选择体重在1500~2000克的健康鸡作为换羽对象，并要求同一品种体重的均匀度至少要保持在85%以上。

3）环境清洁。换羽开始后，羽毛迅速大量脱落，鸡体散热加剧，同时因停饲，机体抵抗力下降，因此，必须保持环境清洁卫生。舍内暗光、安静、空气清新，温度、湿度适宜。

4）掌握“两率”。换羽过程要严格掌握死亡率和失重率。原则上，绝食期死亡率应不高于3%（若停料期死亡率超过3%，就应考虑迅速恢复喂料），失重率在23%~30%范围内。失重率因季节、品种类型的不同而异；春秋季失重率为一般水平，夏季应略高，冬季宜较低；个体重的失重率较高，个体轻的宜低；一般蛋种鸡的失重率为27%~30%，商品蛋鸡轻型为22%~27%，商品鸡中型为25%~30%。

【小经验】

在实际生产过程中，还要结合死亡率、失重率及换羽等具体情况灵活掌握绝食期。换羽过程要勤于观察鸡群动态，当鸡动作迟缓、安静、冠发紫、逆向拨动背部羽毛易拔掉时，即为恢复喂料适宜时期。

5）恢复采食。恢复喂料后，料量要逐渐增加，一般第1天饲喂10~15克饲料，分2次饲喂；第2天增加到20克，1次饲喂，第3天30克，依次增加，到90克后恢复自由采食。

第六章
精心饲养雏鸡，向成活要效益

第一节　雏鸡饲养管理的误区

一、环境误区

在雏鸡饲养过程中，对温度的要求非常高。由于雏鸡对温度变化非常敏感，因此，如果不能很好地控制温度，就会对雏鸡的生长产生影响。温度过低时雏鸡为了取暖而采取扎堆的方式，很容易发生挤压造成雏鸡死亡；温度过高时雏鸡又会因为失水问题而造成脱水死亡。此外，温度的恒定也非常重要，温度起伏较大很容易使雏鸡着凉，从而导致腹泻，而且温度忽高忽低会影响卵黄的吸收，造成雏鸡死亡。雏鸡的养殖还需要做好鸡舍的通风换气，不能过于重视温度的控制而减少通风工作，这样会使鸡舍聚集过多的有害气体，从而导致雏鸡的呼吸道问题，甚至引起中毒而死亡。

二、免疫误区

有效的免疫措施能够提升雏鸡的免疫能力，应对疾病的发生。很多养殖场对雏鸡的免疫不到位，这样在雏鸡发生疾病的时候，容易使病情加重，造成严重的损失。

三、消毒误区

当前部分养殖户对消毒工作重视不够，仅在雏鸡入场时进行消毒，或者在发生疫情时才消毒，甚至根本不消毒。雏鸡由于机体发育不完善，自身免疫能力较差，如果养殖场不能进行有效的消毒处理，很容易造成微生物的滋生，雏鸡在感染这些病菌后极易死亡。进雏之前要对鸡舍进行彻底的清理，将污染物清扫干净，然后进行全面的消毒。一般采用熏蒸的消毒方法，熏蒸结束后要进行通风，并将鸡舍空置 1 周左右才能投入使用。

四、用药误区

一是选择药物的种类不合理。目前营养性添加剂类和抗生素类药物是应用比较广泛的雏鸡开口药。前者的有效成分对雏鸡无不良影响，可放心选用；但后者的某些品种就不适合给雏鸡应用，如某些地区使用硫酸庆大霉素饮水，作为雏鸡的开口药，这会损害雏鸡的肾脏和肝脏及免疫器官，毒副作用大。二是疗程不足。在养殖过程中选用营养性添加剂类和微生态制剂类作为开口药，长期使用能促进雏鸡生长和发育，一般无疗程要求。而抗生素类就必须要求用足疗程，一般为 3～5 天。三是盲目使用高敏药物。某些养殖户喜欢用高敏药物，如使用氟苯尼考作为雏鸡开口药。实际上给雏鸡使用开口药的目的是减轻应激，提高雏鸡体质和降低死亡率。虽然使用氟苯尼考等高敏药物的预防效果很好，但是其成本将相应提高，并且雏禽一旦发生疾病，治疗难度会加大。

第二节　掌握雏鸡的生理特点

一、体温调节机能不健全

刚出壳雏鸡的体温较成年鸡低 2～3℃，4 日龄开始逐渐上升，至 10 日龄时才能达到成年鸡的体温水平，到 3 周龄左右，体温调节机能逐渐趋于完善，7～8 周龄以后才具有适应外界环境温度变化的能力。

二、生长迅速，代谢旺盛

蛋用雏鸡 2 周龄时的体重约为初生时体重的 2 倍，6 周龄为初生时的 10 倍，8 周龄为初生时的 15 倍。雏鸡前期生长快，以后随日龄增长而逐渐减慢。雏鸡代谢旺盛，心跳每分钟可达 250～350 次，安静时单位体重耗氧量与排出二氧化碳的量比家畜高 1 倍以上。因此，在饲养上要满足其营养需要，管理上要注意不断地供给新鲜空气。

三、胃容积小，消化能力弱

幼雏消化系统发育不健全，胃的容积小，进食量有限。同时消化道内又缺乏某些消化酶，肌胃研磨饲料能力低，消化能力差，在饲养上要注意饲喂含纤维量少、易消化的饲料，否则产生的热量不能维持生理需要。

四、抵抗力差

雏鸡对外界环境的适应性和抵抗力差，稍不注意，极易患病。

五、群居性强、胆小

雏鸡喜欢群居，胆小且缺乏自卫能力，若遇到外界刺激或单只离群便鸣叫不止，因此育雏环境要求安静，并且防止各种异常声响和噪声以及新奇的颜色出现，舍内还应该设有防止鼠害的装置，以避免雏鸡受害。

第三节 提高雏鸡成活率的主要途径

一、做好育雏前的准备

1. 育雏室准备

在进雏前应对育雏舍进行彻底清扫、冲洗、维修和消毒。对育雏舍的要求是温度适宜，空气流通，光亮适度，舍内干燥。

2. 育雏设备准备

无论采用哪一种饲养方式，都要准备好供热设备、喂料饮水设备、照明设备等育雏设备（彩图 4、彩图 5）。要对育雏笼、保温箱进行清扫、清洗和维修。此外，还要清洗消毒料盘、料桶、料槽、饮水器、水槽等饲养用具。检查调整电路、通风系统和供温系统，打开电灯、电热装置和风机等。断喙器、排风扇、湿帘（彩图 6）、饲料加工机械等设备都要检查维修。

3. 育雏饲料、兽药及疫苗准备

育雏的饲料（又称“开口料”）、常用的预防药物、添加剂、疫苗等要准备妥当。

4. 制订育雏计划

根据房舍、设备条件、饲料来源、资金多少、饲养场主要负责人的经营管理水平、饲养管理技术、市场需求等具体情况，制订育雏计划。首先确定全年总育雏量，分几批饲养，然后具体拟订进雏数、雏鸡周转计划、饲料供应计划、垫料供应计划、物资供应计划、防疫计划及育雏阶段应达到的技术指标等。

5. 消毒、预热试温

育雏舍和设备都准备好后，要进行消毒。方法为：将育雏舍内所有的用具及育雏舍进行彻底的清洗，然后分3次进行消毒。

① 先用3%来苏儿（或3%烧碱或过氧乙酸）喷雾消毒1次。

② 有条件的再用火焰消毒1次。

③ 最后进行熏蒸消毒。育雏前准备的另一关键就是预热试温。育雏舍进雏前2天开始点火升温，进雏前2～3小时温度升至第1周的育雏温度（37～39℃），便可接雏。

二、做好雏鸡的选择与运输

1. 选择

（1）选择方法

1）看。观察雏鸡的精神状态。健雏活泼好动，眼亮有神，绒毛整洁光亮，腹部收缩良好。弱雏通常缩头闭眼，伏卧不动，绒毛蓬乱不洁，腹大松弛，腹部无毛且脐部愈合不好，有血迹、发红、发黑、钉脐、丝脐等。

2）听。听雏鸡的叫声。健雏叫声洪亮清脆。弱雏叫声微弱、嘶哑，或鸣叫不休，有气无力。

3）摸。触摸雏鸡的体温、腹部等。雏鸡握于掌中，若感到温暖，体态匀称，腹部柔软平坦，挣扎有力的便是健雏；如感到鸡身较凉，瘦小，轻飘，挣扎无力，腹大或脐部愈合不良的是弱雏。

4）问。询问种蛋来源、孵化情况及马立克氏疫苗注射情况等。来源于高产健康适龄种鸡群的种蛋，孵化过程正常，出雏多且齐的雏鸡一般质量较好。反之，雏鸡质量较差。

（2）选择标准

1）活泼好动，绒毛光亮，整齐，大小一致，体重适重，符合品种特征。

2）眼亮有神，反应敏感，两腿粗壮，腿脚结实，站立稳健，腹部平坦、柔软，卵黄吸收良好。

3）羽毛覆盖整个腹部，肚脐干燥，愈合良好，肛门附近干净，无白色粪便黏着。

4）叫声清脆响亮，握在手中感到饱满有劲，挣扎有力。

5）脐部有出血痕迹或发红呈黑色、棕色，或为疔脐的，腿和喙、眼有残疾的，不符合品种要求的均应淘汰。

2. 运输

（1）选择运输工具 常用的运输工具主要有汽车、火车和飞机等。

具体选择哪种运输方式，应根据运输时间和路途远近等因素来确定。启运后最好在12小时内运抵育雏舍，最多不超过48小时。若运输时间过长，途中饲喂和饮水麻烦，还会出现相互挤压、踩踏及脱水、饥饿等，甚至出现大批量死亡。

【提示】

1000千米以内的路程，如果公路路况好，最好使用汽车运输，以便雏鸡能够直接运到鸡舍门口，避免因中途换车而对雏鸡造成较大的应激。

（2）办理相关手续 依照《中华人民共和国动物防疫法》的规定向当地动物卫生监督机构申报检疫，经检疫合格后，领取产地检疫证明。如果是跨县区的运输，则还需持产地证明换取出县境动物运输检疫证明。启程前应领取动物及其产品运载工具消毒证明和重大动物疫病无疫区证明，将其与产地检疫证明、出县境动物运输检疫证明一起随雏鸡携带，以备察用。

（3）选雏、装箱 最好使用专门的装雏箱，要求装雏箱的四周和上壁均设有通气孔，箱内分成几个小格，并且在箱底铺置柔软的垫草，既能保暖、透气，又能有效防止雏鸡相互挤压、踩踏。垫料可选用厚纸板或使用切短的稻草或麦秸。装箱时依据箱体大小、路途远近、环境温度等情况确定每箱雏鸡的数量。装雏箱一定要摆放平稳、牢固，防止装雏箱倾倒、堆积，造成雏鸡的伤亡。

（4）途中护理 早春季节运输，应注意防止雏鸡着凉感冒。夏季要防止因温度过高而出现中暑，宜选择在早晨或傍晚天气凉爽的时候运输。若在夏季炎热天气时运输，可考虑选用敞篷车。在冬季运输要做好保温防寒工作。建议在运输较多数量的初生雏鸡时，最好选用配备空调装置的运输工具。在使用汽车运送雏鸡的过程中，应尽量做到匀速行驶。

三、严格控制饲养条件

1. 温度

1～3日龄，33～35℃；4～7日龄，30～33℃；2周龄，28～30℃；3周龄，26～28℃；4周龄，24～26℃；5周龄，21～24℃；6～8周龄，18～21℃。育雏期间不仅要经常检查温度计的显示，还必须结合雏鸡的

行为表现来了解温度是否适宜，即应看雏施温（图6-1）。

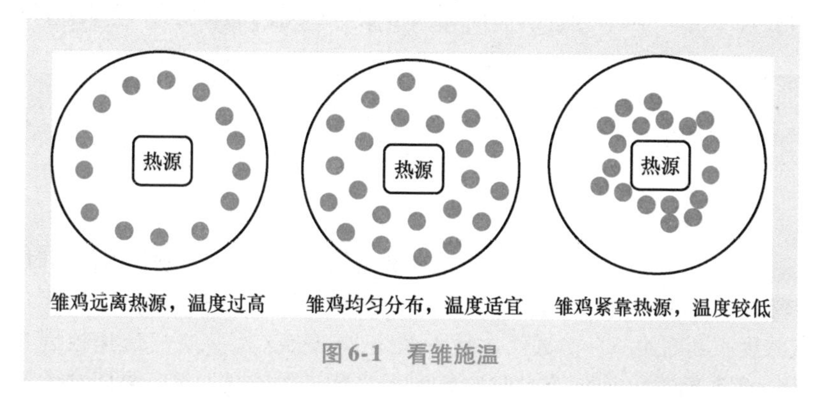

图6-1　看雏施温

【提示】

育雏期间必须考虑的4种温度，即空气适宜温度29～33℃，地面适宜温度28～30℃，饮水适宜温度28～30℃，体感适宜温度。风速小于0.15米/秒，不能直接吹到雏鸡的身上。4种育雏温度的重要性顺序为：饮水温度＞地面温度＞空气温度＞体感温度。

2. 湿度

第1周湿度控制在65%～70%，以后控制在60%～65%。

3. 光照

育雏的1～3日龄每天光照时间为24小时，4～7日龄为20～22小时，夜间熄灯2～4小时，第2周为15～18小时，第3周起至育雏结束为11～12小时。白天应充分利用自然光照，夜间用灯光照明。前3天光照强度应稍强些，以利于雏鸡熟悉育雏室内环境。以地面散养为例，灯泡离地2米高，1米^{2}应平均有5瓦的功率，即12米^{2}的房间应有1盏60瓦的灯泡。4日龄以后光线不宜过强以便鸡只安静生活，人工照明以1米^{2}地面有3.5瓦的灯泡为宜。

4. 饲养密度

育雏期饲养密度随育雏方式而定，不同育雏方式的饲养密度见表6-1。雏鸡群数量不宜过大，在育雏室内每群以1000～2500只为宜，种用雏鸡每群以500～700只为宜，公母群分开饲养。

表 6-1 不同育雏方式的饲养密度 （单位：只/米^2）

育雏方式	1~2周龄	3~4周龄	5~6周龄	7~8周龄
地面平养	35~40	25~35	20~25	15~20
网上平养	40~50	30~40	25	20
立体笼养	60	40	35	30

5. 通风

雏鸡新陈代谢旺盛，需较多的新鲜空气。因此，在重视保温的同时，注意加强通风透气，以排除室内的二氧化碳和氨气等有害气体，二氧化碳浓度不超过0.5%，氨气含量不超过20毫克/米^3，空气流速控制在0.2~0.3米/秒，进入鸡舍时应感到无臭味、无闷气，鼻、眼感觉无强烈刺激为宜。

四、精心饲养管理

1. 饮水

雏鸡应在出壳后24小时内转入育雏舍，尽早饮水。饮水不足或饮水过晚，会导致饲料消化吸收障碍，饮水量一般为采食量的1.6~2倍。出壳后12~24小时内应先饮水，以后不可断水。初饮最好用温水或温开水（16~20℃），最初几天饮水中可加入3%~5%葡萄糖、电解多维及抗生素，以帮助雏鸡消除疲劳、恢复体力和增加抗病力。一般每100只雏鸡配10~12个钟形饮水器。

2. 开食

给雏鸡第1次喂料称为开食。开食的适宜时间为出壳后12~24小时，即雏鸡群中有1/3~1/2个体表现啄食时，一般不应超过36小时。喂料时，可使用浅平食槽或浅平开食盘，让雏鸡自由采食，5~7天后应逐步过渡到使用料桶或料槽喂料。开食饲料要新鲜，适口性好，颗粒大小适当，易于雏鸡啄食。开食料常用粉料或破碎的颗粒料。

3. 温度控制

温度的高低对雏鸡的生长发育有很大的影响，因此，必须严格掌握育雏温度。一般育雏初期温度宜高，弱雏的育雏温度应稍高，小群饲养比大群饲养温度高，夜间温度比白天高，阴雨天温度比晴天高。在实际饲养过程中，如果温度适宜，则雏鸡分布均匀、活泼好动；温度过低时，雏鸡缩颈，互相挤压，层层堆叠，尖叫；温度过高时，雏鸡伸舌，张嘴喘气，饮水增加。具体温度见本节前面所述。

4. 湿度控制

雏鸡出壳后 10 日龄内的育雏室内相对湿度应保持在 60% ~ 65%。10 日龄后，雏鸡呼吸量和排泄量增加，育雏舍内开始潮湿，此时应注意适当通风，及时清除粪便和更换结块垫料等，以降低舍内湿度，相对湿度控制在 50% ~ 60% 为宜。

5. 通风控制

在保证育雏室温度的前提下，通风越畅越好。通风和保温通常是矛盾的，可在通风前升高舍温 2 ~ 3℃。通风换气可在中午阳光充足时开窗进行，门窗的开启度为从小到大，最后呈半开状态。切不可突然将门窗大开，让冷风直吹，使室温突然下降。

6. 密度要求

饲养密度的大小应根据雏鸡日龄大小、品种饲养方式和鸡舍结构等进行合理调整。密度对雏鸡的正常生长发育有很大影响。密度过大，发育不整齐，易感染疾病，发生恶癖，使雏鸡死亡数增加。具体饲养密度见本节前面所述。

7. 适宜光照

合理的光照时间具体见本节前面所述。光照强度按每 15 米^2 的鸡舍在第 1 周时，将 1 盏 40 瓦的灯泡悬挂在 2 米高的位置，第 2 周开始换用 25 瓦的灯泡即可。

8. 及时断喙

断喙的目的是防止啄癖和减少饲料浪费。一般断喙在 7 ~ 10 日龄进行。断喙时将断喙器刀片烧至褐红色，用食指抠住喉咙，上下喙同时放入刀片下切，烙 2 ~ 3 秒。用圆孔形断喙器时，根据鸡龄大小选择适宜的孔径，一般选择 4.37 毫米孔，并保证烧烙圈与鼻孔的距离在 2 毫米。断喙长度为：上喙断去 1/2，下喙断去 1/3。

【注意】

在断喙前 3 天和当天饮水或饲料中添加倍量的维生素 K、维生素 C，断喙期间料槽中有较深的饲料；6 ~ 10 日龄期间要进行新城疫和法氏囊等病的免疫，要和断喙错开 2 天以上。

9. 分群

有资料报道，1 日龄鸡群无论是否按照体重进行分组饲养，均对 21

日龄和 42 日龄的体重变化不产生显著影响，因此，按照雏鸡初始体重进行分群饲养不会对鸡群的整齐度产生积极的影响。

五、加强疾病防治

严格按免疫程序，做好新城疫、禽流感、传染性法氏囊病、传染性支气管炎和鸡痘等疫苗的预防接种，加强对鸡白痢、球虫病、禽霍乱和大肠杆菌病等疾病的预防工作，注意做好环境卫生、消毒和隔离工作。

第七章
加强蛋鸡饲养，向品质要效益

第一节　蛋鸡饲养中的误区

一、饲养观念中的误区

1. 蛋雏鸡饲喂肉鸡料

使用肉鸡料饲喂蛋雏鸡的现象在养殖户中普遍存在，认为蛋雏鸡吃肉鸡饲料长得快。饲喂肉鸡饲料 2 周左右，蛋雏鸡体重往往是达标或超标，但这种饲喂方法是以牺牲蛋雏鸡体质为代价来满足其快速生长。青年母鸡在 5 周龄的体重对于产蛋性能来说是重要的，5 周龄体重越大，则结果越好；10 周龄体重没有 5 周龄体重那么重要，但 10 周龄体重对于提早性成熟来说是十分重要的。16 周龄时体重的均一度也十分重要，尤其对死亡率来说更是十分重要的。所有养殖户都知道肉鸡品种在育种时就侧重体重的生长。在 45 天或 50 多天的生长期内，养殖户十分重视料肉比。蛋鸡的饲养期是 72 周，不但蛋鸡的体重要达标，而且蛋鸡的体质健康也是非常重要的。

2. 不重视测量胫骨的长度

很多养殖场对育雏阶段的雏鸡进行称重，并以称重结果作为衡量鸡群育雏达标与否的标准，这是很不科学的。大多数后备鸡的骨骼系统基本上在 13 ~ 14 周龄已经发育好，而蛋鸡在 36 周龄左右才达到最高峰。蛋鸡的胫骨早在 20 周龄前就不再生长。在 10 周龄时，蛋鸡的体重只生长 36% 左右，而胫骨却生长了 82% 左右。体重达标而胫骨长度不达标的蛋鸡，多是外观肥胖，其产蛋小，开产时多易脱肛，生产高峰不高，而高峰期维持的时间也短，全程死亡淘汰率高。体重不达标而胫骨长度达标的蛋鸡多是过瘦，开产时间晚，但高峰期高度和持续时间不会有太大的影响。12 周龄内蛋鸡的胫骨长度生长与体重增长是同步的，因此，育成期12周龄内要测量胫骨长度，观察胫骨生长是否与体重增长同步。

3. 育成期营养供给不足

传统的养殖观念认为育成期蛋鸡不产蛋，不用加营养，而使用低能量麸皮。这样做的结果会造成产蛋期鸡啄肛，而且产蛋高峰期持续不长。正确的做法是雏鸡喂至90天后，饲料中不加麸皮，使鸡有足够的能量及营养储备。育成期从80天开始加贝壳，可按饲料量的1%添加，使鸡在开产前储备足量的钙质，以减少高峰期的瘫痪及产软壳蛋。在蛋鸡生长至105~119天时应避免各种应激，此期间是卵巢和输卵管高速发育期，任何应激均可影响后期产蛋性能。

4. 初产期饲料中添加贝壳过多

初产期贝壳的添加不可过量，否则对鸡的肾脏会造成不可逆性的伤害，造成高钙性腹泻基本上不可以治愈。建议在产蛋率达到5%时按饲料量的2%添加贝壳，达50%时按饲料量的5%添加，高峰期按饲料量的8%添加。

5. 突然换料

由于鸡的生长阶段、市场价格等因素需要突然更换饲料时，易引起鸡的应激反应，有时甚至会造成死亡。必须换料时，应注意逐渐过渡更换，避免应激。提倡保持饲料的相对稳定，饲料原料多样化，营养互补。

6. 忽视后备鸡的管理

光照时间可影响母鸡的性成熟，其敏感性在9~12周龄最强，所以在10周龄前光照时间应不少于16小时，以利于雏鸡充分采食，促进生长发育，也便于后一阶段采取逐渐减弱的光照制度。后备鸡的光照制度对鸡群适时达到性成熟十分重要，适时开产的鸡群初产蛋重大、高峰期持续时间长、死亡淘汰率低、产蛋期饲料转化率高、种蛋受精率高、孵化率高。开放式鸡舍，产蛋期光照时间应少于16小时。

二、评价经济指标的误区

养蛋鸡效益的高低要看整个鸡场的整体效益，由蛋鸡的个体效益与出栏数决定。不同品种饲养要求的条件不一样，产生的生产成本与死亡损失也就不同；不同市场时期、不同饲养方式，养蛋鸡的利润率不同（表7-1），采取不同的利润评判标准，对蛋鸡场的整体利润影响也就不一样。因此，在蛋鸡场经济效益的综合评定中必须树立科学的效益观，灵活运用，以适应变化无常的市场需求。

表 7-1　不同养殖方式的收益及利润　　（单位：元）

项　目	机械养殖①		半机械养殖②		人工养殖③	
	总收入	每只鸡收入	总收入	每只鸡收入	总收入	每只鸡收入
鸡蛋	15120000	252	3717000	148.68	582200	145.55
淘汰鸡	900000	15	455000	18.2	77370	19.342
鸡粪收入	6700	0.11	5000	0.2	4000	1
总收益	16026700	267.11	4177000	167.08	663570	165.89
纯利润	2085710	34.762	315500	12.62	26670	6.6675

① 养殖数量为 6 万只，品种为京粉 1 号，养殖周期为 500 天。

② 养殖数量为 2.5 万只，品种为海兰灰蛋鸡，养殖周期为 500 天。

③ 养殖数量为 4000 只，品种为罗曼粉蛋鸡，养殖周期为 550 天。

第二节　掌握蛋鸡各阶段的生理特点

一、预产阶段的生理特点

1. 生殖系统进入快速发育阶段

蛋鸡的预产阶段是指 18～21 周龄，进入性成熟期。18 周龄时，卵巢重量约为 10 周龄的 4 倍，但在 19 周龄、20 周龄时则分别为 10 周龄的 30 倍和 42 倍左右，这说明在 18 周龄后卵巢上的卵泡开始大量快速生长。与此同时，输卵管也迅速变粗、变长，重量也迅速增加。卵泡生长和输卵管的发育受光照和饲料蛋白质的影响很大，其机体在生理方面发生急剧性变化。

2. 骨钙沉积加快

在 18～20 周龄期间骨骼增加 15～20 克，其中 4～5 克为髓骨钙，它们的沉积大约在产第一枚蛋的前 10 天，由卵泡中分泌的雌激素诱发。髓骨钙在性成熟后是蛋壳形成时的钙重要来源之一，若髓骨钙透支过多则易出现缺钙、笼养鸡疲劳综合征等。

3. 体重快速增加

鸡从 18～20 周龄开始又出现一个快速增重期，4 周内增重 400 克左右，该期间体重的增加对以后产蛋高峰的持续是十分关键的。若增重达不到标准，则会影响总的产蛋率和总产蛋量。

4. 处于明显的生理应激状态

预产阶段的鸡体发生了很大的生理变化，生殖系统生长发育加快，肝脏体积增大且合成机能增强，体重增加，内分泌机能旺盛。这一急剧的变化对鸡来讲是一种生长应激，其抵抗力会因此而明显下降。

二、初产阶段的生理特点

该阶段周龄一般在 21～22 周，其特点是产蛋小、产蛋率上升快、生理波动性大、对环境变化特别敏感。同时，强烈的生理应激易致条件性疾病的发生。

三、产蛋高峰期的生理特点

开产后第 4 周蛋鸡的产蛋率能达 50% 左右，其后的 3～4 周即可进入产蛋高峰期，高峰期一般持续 4～6 个月，产蛋高峰期的产蛋率在 90%～97%。蛋鸡在进入产蛋高峰期后会发生一系列的生理变化，而前期转群、免疫、生活方式改变等因素会导致鸡免疫力下降，增加患病风险，是鸡整个产蛋期体质最差的时期，而产蛋高峰期的产蛋率直接影响蛋鸡养殖的经济效益，因此，要加强蛋鸡产蛋高峰期的饲养管理，做好疾病防控，提高产蛋率，增加养殖效益。

四、产蛋后期的生理特点

350 日龄（产蛋率在 80% 以下）以后属于产蛋后期阶段。此阶段鸡群产蛋性能逐渐下降，蛋壳逐渐变薄，破损率逐渐增加，鸡群产蛋所需的营养逐渐减少，多余营养易形成脂肪的沉积和蛋重过大。

第三节　提高蛋鸡生产性能与品质的主要途径

一、满足蛋鸡的营养需要

1. 能量

能量是蛋鸡生命活动和物质代谢所必需的营养物质。鸡的一切生理过程包括采食、消化、吸收、排泄、运动、呼吸、循环、维持体温、繁殖、产蛋等都需要能量。饲粮的能量水平是决定蛋鸡采食量的主要因素之一，自由采食时，鸡在一定范围内有调节采食量以满足能量需要的本能，使最终采食能量的绝对量基本一致。在各阶段饲粮中维持一定的能量水平，是保证蛋鸡健康生长和产蛋的重要条件。鸡所需要的能量主要来源于碳水化合物、脂肪和蛋白质。在家禽总的能量需要中，由碳水化合物提供的能量部分为70%～80%。碳水化合物包括淀粉、糖类和粗纤维。鸡消化道相对较短，对粗纤维的消化能力低，饲粮中纤维不可过多，但纤维有利于胃肠蠕动，能增强食欲，纤维过少时易发生啄羽、啄肛等不良现象，因此，一般饲粮中纤维含量应控制在2.5%～5%。鸡饲料中的能量都以代谢能（ME）表示，单位是兆焦/千克或千焦/千克。

2. 蛋白质

蛋白质是蛋鸡生命的基础，也是构成鸡肉与鸡蛋的主要原料，皮肤、羽毛、神经、血液等都含有大量蛋白质。所需要的蛋白质必须从饲料中摄取获得。日粮中粗蛋白质含量过低，会影响鸡的生长速度，体重达不到标准要求，食欲减退，羽毛生长不良，性成熟晚，产蛋量和日增重下降。相反，若粗蛋白质过高，则会增加饲料成本，蛋鸡利用不完全，造成不必要的浪费，导致新陈代谢紊乱，严重时引起痛风或蛋白质吸收受阻，产生中毒现象。

【小知识】

蛋白质由20多种氨基酸构成，氨基酸可分为必需氨基酸和非必需氨基酸两大类。必需氨基酸是指鸡体内不能合成或合成数量较少不能满足营养需要，必须由饲料供给的氨基酸。已知蛋鸡需要的必需氨基酸有13种，即赖氨酸、蛋氨酸、色氨酸、精氨酸、组氨酸、亮氨酸、异亮氨酸、苯丙氨酸、缬氨酸、苏氨酸、酪氨酸、甘氨酸、胱氨酸。其中蛋氨酸、赖氨酸和色氨酸在饲料中的含量较少，不能满足鸡的需要，所以又把这三种氨基酸称为限制性氨基酸。生产中这三种氨基酸的供应尤其重要。非必需氨基酸是指在鸡体内可以合成，或者可以由其他氨基酸代替，一般不会缺乏的氨基酸。

3. 矿物质

矿物质是构成骨骼、羽毛、血液等组织不可缺少的成分，对蛋鸡的生长发育、生理功能及繁殖系统具有重要作用。饲料中矿物质元素含量过多或缺乏都可能产生不良后果。

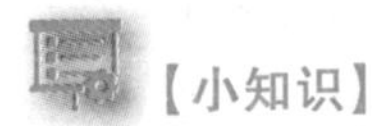
【小知识】

蛋鸡需要的矿物质元素有钙、磷、钠、钾、氯、镁、硫、铁、铜、钴、碘、锰、锌、硒，其中前7种是常量元素（占体重0.01%以上），后7种是微量元素（占体重0.01%以下）。

（1）钙和磷 钙和磷是构成骨骼的主要成分。钙对维持神经、肌肉的正常生理功能，维持心脏正常活动，维持酸碱平衡及促进血液凝固等均有重要作用。缺钙时，会出现佝偻病和软骨病，生长停止，产蛋减少，蛋壳变薄或产软壳蛋。生长期鸡日粮中钙含量一般保持在1.0%，产蛋鸡或种鸡相应增至3%~4%。但是含量过高又会影响鸡对镁、锌等元素的吸收。磷对鸡的骨骼和蛋壳的形成，对碳水化合物、脂肪及钙的利用等都是必需的。蛋鸡缺磷时，食欲减退，生长缓慢，严重时关节硬化，产蛋量下降或停止。一般要求日粮中总磷的含量应保持在0.70%~0.75%。在日粮中要注意钙、磷的比例应适当，一般雏鸡和青年鸡日粮的钙、磷比例为（1.5~2)∶1，产蛋鸡日粮的钙磷比应在（4~6)∶1。

（2）钠和氯 钠和氯具有调节渗透压，维持神经和肌肉兴奋，增加饲料适口性、增进食欲等作用。食盐不足，会引起蛋鸡食欲减退，饲料利用率低，生长缓慢，易出现啄癖，产蛋率降低，体重和蛋重下降。在蛋鸡日粮中，食盐含量以0.35%~0.37%为宜。但必须注意，鸡对食盐过量很敏感，特别是雏鸡。如盐分过多，轻者引起腹泻，重者引起中毒死亡。

（3）铁和铜 铁和铜存在于鸡的血红蛋白中，具有运氧功能；铁还存在于蛋中，对提高孵化率和雏鸡成活率有重要作用。蛋鸡缺乏铜和铁时，会发生贫血。通常用硫酸亚铁与硫酸铜来补给。每千克饲料铁需要量为60~80毫克，铜为6~8毫克。

（4）锰 锰与磷、钙代谢，骨骼生长、造血、免疫及繁殖有关，主要存在于鸡的血液、肝脏中。缺锰时，雏鸡骨骼生长发育不良，易发生脱腱症，运动失调，雏鸡难以站立。产蛋鸡出现蛋壳变薄和种蛋孵化率下降。通常用添加硫酸锰、碳酸锰、氧化锰来补充。一般每千克饲料中，育成期锰的需要量为40毫克，其他阶段均为60毫克。

（5）锌 锌有助于锰、铜的吸收，参与酶系统的作用，与骨骼、羽毛的生长发育有关。锌缺乏时，雏蛋鸡采食量减少、生长迟缓、羽毛生长不良等，种蛋鸡蛋壳变薄，甚至产软壳蛋。锌主要来源于锌化合物、动物性饲料、饼粕及糠麸类。常见的锌补充物有硫酸锌、氧化锌、碳酸锌和蛋氨酸锌。每千克饲料需要量为70～120毫克。

（6）硒　缺硒时会出现渗出性素质，肌肉萎缩，心肌损伤，心包积水；雏鸡生长受阻，羽毛松乱，神经过敏；种鸡性成熟推迟，孵化率降低，胚胎异常。但过量时会引起中毒。常用亚硒酸钠和酵母硒补充，每千克日粮前者为1.60毫克，后者为730毫克。

4. 维生素

维生素是维持鸡生长发育、产蛋及维持体内正常代谢活动所必需的一类微量物质，可以调节机体代谢和碳水化合物、脂肪、蛋白质代谢，但需要量极少，常以毫克、微克计算。当某种维生素不能满足机体正常生理需要时，鸡就会表现出维生素缺乏症。鸡所需要的维生素按其溶解性分类，可分为脂溶性维生素和水溶性维生素两大类。脂溶性维生素必须溶于脂肪中才能被吸收，主要指维生素A、维生素D、维生素E、维生素K。水溶性维生素可溶于水中被吸收，包括维生素B族（泛酸、叶酸、烟酸、生物素、胆碱）及维生素C。在集约化饲养的情况下，所需的各种维生素可以以添加剂形式补充，一般常用市售多种维生素制剂（表7-2）。

表7-2　蛋鸡主要维生素的作用

名　称	主要作用
维生素A	维持正常视觉和上皮组织的完整，促进骨骼发育，增强机体免疫力和抗病力
维生素D	调节钙磷代谢和骨骼发育
维生素E	维持生物膜的正常结构和功能，促进合成前列腺素，调节DNA的合成等，能维持正常的生殖机能、肌肉和外周血管正常的生理状态
维生素K	促进肝脏合成凝血酶原，参与凝血
维生素 B_1（硫胺素）	参与碳水化合物代谢，参与脂肪酸、胆固醇等的合成
维生素 B_2（核黄素）	细胞内黄酶的成分，直接参与蛋白质、脂肪和核酸的代谢
维生素 B_3（泛酸）	参与体内碳水化合物、脂肪和蛋白质的代谢
维生素PP（烟酸）	主要以辅酶的形式参与机体代谢，参与糖类、脂类和蛋白质的代谢

（续）

名　称	主要作用
维生素 B_{12}	参与核酸和蛋白质合成，促进红细胞发育，维持神经系统完整
维生素 B_6（吡哆醇）	可形成转氨酶、脱羧酸的辅酶，直接参与含硫氨基酸和色氨酸的正常代谢
维生素 B_{11}（叶酸）	参与核酸、蛋白质的合成及红细胞的形成
胆碱	主要参与脂肪代谢，防止脂肪变性
维生素 C	参与体内生物氧化反应，具有抗氧化、抗应激、提高免疫力和解毒等作用

5. 水分

水分是构成鸡各种器官的主要成分，是生命过程不可缺少的物质，几乎是各种营养物质的溶剂。水在鸡的消化和吸收等代谢过程中起重要作用，体温调节、呼气、蒸发、散热等都离不开水。机体内各种生物化学反应也都借助于水来完成的。鸡体含水量占 70% 左右。鸡饮水不足，雏鸡生长受阻，精神沉郁，食欲不振，体重减轻；如果产蛋鸡停水 1 天，产蛋量要下降 30%，而且要经过 21 天后才能恢复正常。

【小经验】

鸡对水的需要量受鸡生长、生产情况、季节、温度、饲料状态等因素的影响。一般 1 只鸡 1 天饮水 150 ~ 250 毫升，为采食量的 2 倍，雏鸡的比例更大些。当温度在 20℃ 以上时，饮水量就要开始增加。

二、参考蛋鸡的饲养标准

蛋鸡的饲养标准有许多种，如中国的蛋鸡饲养标准、美国的 NRC 饲养标准（1994）、日本家禽饲养标准等。目前许多育种公司根据其培育的品种特点、生产性能以及饲料、环境条件变化，制定其培育品种的营养需要标准，按照这一饲养标准进行饲养，便可达到该公司公布的某一优良品种的生产性能指标。在购买各品种雏鸡时应索要饲养管理指导手册，按手册上的要求配制饲粮。在此仅介绍我国的蛋鸡饲养标准（中华人民共和国农业行业标准 NY/T 33—2004）。

1. 生长蛋鸡营养需要

生长蛋鸡营养需要见表7-3。

表7-3　生长蛋鸡营养需要

营养指标	0～8周龄	9～18周龄	19周龄至开产
代谢能/(兆焦/千克)	11.91	11.70	11.50
粗蛋白质（%）	19.0	15.5	17.0
蛋白能量比/(克/兆焦)	15.95	13.25	14.78
赖氨酸能量比/(克/兆焦)	0.84	0.58	0.61
赖氨酸（%）	1.00	0.68	0.70
蛋氨酸（%）	0.37	0.27	0.34
蛋氨酸+胱氨酸（%）	0.74	0.55	0.64
苏氨酸（%）	0.66	0.55	0.62
色氨酸（%）	0.20	0.18	0.19
精氨酸（%）	1.18	0.98	1.02
亮氨酸（%）	1.27	1.01	1.07
异亮氨酸（%）	0.71	0.59	0.60
苯丙氨酸（%）	0.64	0.53	0.54
苯丙氨酸+酪氨酸（%）	1.18	0.98	1.00
组氨酸（%）	0.34	0.26	0.27
脯氨酸（%）	0.50	0.34	0.44
缬氨酸（%）	0.73	0.60	0.62
甘氨酸+丝氨酸（%）	0.82	0.68	0.71
钙（%）	0.90	0.80	2.00
总磷（%）	0.70	0.60	0.55
非植酸磷（%）	0.40	0.35	0.32
钠（%）	0.15	0.15	0.15
氯（%）	0.15	0.15	0.15
铜/(毫克/千克)	8	6	8
锌/(毫克/千克)	60	40	80
锰/(毫克/千克)	60	40	60
碘/(毫克/千克)	0.35	0.35	0.35

（续）

营养指标	0～8周龄	9～18周龄	19周龄至开产
铁/(毫克/千克)	80	60	60
硒/(毫克/千克)	0.30	0.30	0.30
亚油酸（%）	1	1	1
维生素A/(国际单位/千克)	4000	4000	4000
维生素D/(国际单位/千克)	800	800	800
维生素E/(国际单位/千克)	10	8	8
维生素K/(毫克/千克)	0.50	0.50	0.50
硫胺素/(毫克/千克)	1.8	1.3	1.3
核黄素/(毫克/千克)	3.6	1.8	2.2
泛酸/(毫克/千克)	10	10	10
烟酸/(毫克/千克)	30	11	11
吡哆醇/(毫克/千克)	3	3	3
生物素/(毫克/千克)	0.15	0.10	0.10
叶酸/(毫克/千克)	0.55	0.25	0.25
维生素 B_{12}/(毫克/千克)	0.010	0.003	0.004
胆碱/(毫克/千克)	1300	900	500

注：本表根据中型体重鸡制订，轻型鸡可酌减10%；开产日龄按5%产蛋率计算。

2. 产蛋鸡营养需要

产蛋鸡营养需要见表7-4。

表7-4　产蛋鸡营养需要

营养指标	开产至高峰期（产蛋率>85%）	高峰后（产蛋率<85%）	种鸡
代谢能/(兆焦/千克)	11.29	10.87	11.29
粗蛋白质（%）	16.5	15.5	18.0
蛋白能量比/(克/兆焦)	14.61	14.26	15.94
赖氨酸能量比/(克/兆焦)	0.64	0.61	0.63
赖氨酸（%）	0.75	0.70	0.75
蛋氨酸（%）	0.34	0.32	0.34

（续）

营养指标	开产至高峰期（产蛋率>85%）	高峰后（产蛋率<85%）	种鸡
蛋氨酸+胱氨酸（%）	0.65	0.56	0.65
苏氨酸（%）	0.55	0.50	0.55
色氨酸（%）	0.16	0.15	0.16
精氨酸（%）	0.76	0.69	0.76
亮氨酸（%）	1.02	0.98	1.02
异亮氨酸（%）	0.72	0.66	0.72
苯丙氨酸（%）	0.58	0.52	0.58
苯丙氨酸+酪氨酸（%）	1.08	1.06	1.08
组氨酸（%）	0.25	0.23	0.25
缬氨酸（%）	0.59	0.54	0.59
甘氨酸+丝氨酸（%）	0.57	0.48	0.57
可利用赖氨酸（%）	0.66	0.60	—
可利用蛋氨酸（%）	0.33	0.30	—
钙（%）	3.5	3.5	3.5
总磷（%）	0.60	0.60	0.60
非植酸磷（%）	0.32	0.32	0.32
钠（%）	0.15	0.15	0.15
氯（%）	0.15	0.15	0.15
铜/(毫克/千克)	8	8	6
锌/(毫克/千克)	80	80	60
锰/(毫克/千克)	60	60	60
碘/(毫克/千克)	0.35	0.35	0.35
铁/(毫克/千克)	60	60	60
硒/(毫克/千克)	0.30	0.30	0.30
亚油酸（%）	1	1	1
维生素A/(国际单位/千克)	8000	8000	10000

（续）

营养指标	开产至高峰期（产蛋率>85%）	高峰后（产蛋率<85%）	种鸡
维生素D/（国际单位/千克）	1600	1600	2000
维生素E/（国际单位/千克）	5	5	10
维生素K/（毫克/千克）	0.50	0.50	1.00
硫胺素/（毫克/千克）	0.8	0.8	0.8
核黄素/（毫克/千克）	2.5	2.5	3.8
泛酸/（毫克/千克）	2.2	2.2	10
烟酸/（毫克/千克）	20	20	30
吡哆醇/（毫克/千克）	3.0	3.0	4.5
生物素/（毫克/千克）	0.10	0.10	0.15
叶酸/（毫克/千克）	0.25	0.25	0.35
维生素 B_{12}/（毫克/千克）	0.004	0.004	0.004
胆碱/（毫克/千克）	500	500	500

三、选择合适的饲养模式

1. 笼养模式

笼养具有提高效率、节约饲养成本的优点，在收蛋、粪便处理、减少饲料浪费、维持适当的环境温度、检查每只鸡的状况等方面都有着散养鸡无可比拟的优势，可以简化饲养管理操作，节省平养过程中的大量垫草开支，而且便于疫病防控（图7-1）。缺点是投资大，鸡易患腿病和胸囊肿，对饲养管理条件要求严格，缺乏动物福利。

图7-1 蛋鸡笼养

2. 平养模式

(1) 垫料平养 将鸡养在铺有垫料的地面上，垫料可用锯末、稻草、麦秸、干树叶等，要求垫料清洁、松软、吸湿性强、不发霉、不结冰。要勤换垫料，保持垫料干燥、平整，以12厘米厚度锯末垫料效果最佳。优点是投资少，简单易行，管理方便。缺点是需大量垫料，鸡与粪便接触易患病；劳动强度大；鸡舍空间利用率低，饲养密度小；蛋易被污染，破损率高。

(2) 网上平养 离地50~60厘米，架起铁丝网或弹性塑料网，鸡养在网上，粪从网孔落入。优点是提高了饲养高度，不用垫料，鸡不与粪便接触，减少疾病的发生。缺点是一次性投资较大，鸡易患腿病和胸囊肿。

3. 生态放养

产蛋数、产蛋率、蛋重均低于笼养，产蛋潜力得不到充分发挥，但总体经济效益较笼养高，生态放养使饲养成本大大降低。散养鸡整体免疫力、抗病能力、鸡蛋哈夫单位（蛋白高度与蛋重的比例系数）、蛋黄颜色及蛋形指数（蛋的纵径/蛋的横径）均高于笼养鸡，蛋白高度随周龄逐渐下降。蛋壳的强度和厚度与笼养相差不大。

四、创造适宜的环境条件

1. 饲养密度

不同周龄蛋鸡饲养密度见表7-5。

表7-5 不同周龄蛋鸡饲养密度

周　龄	0~6周龄	7~18周龄	19周龄至淘汰
笼位面积/(厘米^2/只)	≥100	≥310	≥450

2. 温度

育雏第1周鸡舍的温度为33~35℃，根据气温、鸡的生理机能，以后每周下降1~2℃，至长成产蛋鸡适宜温度控制在15~25℃。

3. 湿度

育雏第1周相对湿度保持在60%~70%，第2周以后相对湿度为55%~60%，育成期、产蛋期相对湿度应控制在40%~60%。

4. 光照

不同日龄需要补充光照的时间、强度分别见表7-6、表7-7。

表 7-6　鸡舍需要的光照时间

日　　龄	补充光照时间/(小时/天)
1~3 日龄	24
4 日龄~6 周龄	从 24 逐渐降到 8
7~17 周龄	8
18~24 周龄	从 8 逐渐升到 16
25 周龄至淘汰	16

注：4 日龄后逐渐减少光照，18 周龄后逐渐增加光照。

表 7-7　鸡舍需要的光照强度

日　　龄	光照强度/勒克斯
0~1 周龄	20
2~8 周龄	从 20 逐渐降到 10
9~17 周龄	10
18 周龄至淘汰	10~20

注：1 周龄后逐渐减少光照强度。

5. 通风

通风方式采用自然通风和机械负压通风。根据雏鸡、育成鸡、产蛋鸡生理要求、鸡舍搭建特点、季节变化调整通风模式，确定通风量。

第八章
熟悉诊断用药，向防控要效益

第一节 鸡病防治的误区

一、重治轻防

疫病对我国蛋鸡业的危害十分严重。一方面疫病危害蛋鸡健康，降低蛋鸡的生产性能和养殖业的经济效益；另一方面给食品安全带来隐患，危害人类健康。我国现行的蛋鸡饲养模式主要为笼养，饲养密度大，鸡舍环境质量不易控制，不利于蛋鸡疫病的预防与控制。更值得注意的是：我国大部分从业者对蛋鸡疫病存在严重的错误认识，即“重治轻防”，对防疫认识不足，重视不够，存在侥幸心理。近年来，禽流感、新城疫、大肠杆菌病等疾病已经给我国的蛋鸡业造成重大经济损失。在发展蛋鸡业的过程中，为了防止疫病的发生，必须贯彻“预防为主，防治结合”的方针。如果“重治轻防”或“只治不防”，平时不做好预防工作，待蛋鸡发生疫病之后才治疗，不但会花费大量的人力、物力，而且可能难以制止疫病的扩散与流行，以致造成重大的经济损失。

二、科学防治观念淡薄

1. 治疗疗程不合理

治疗鸡病时，有些养殖户发现鸡停止死亡，就不再用药。其实，用药疗程的长短要根据鸡病的种类和发病的具体情况而定。一般情况下，治疗呼吸道疾病的疗程为5~7天，治疗肠道疾病的疗程为3~5天。治疗鸡病时，抗生素一般连用2~3天，症状消失后再用2~3天；磺胺类药物，首次剂量加倍，连用3~5天，必要时还需配合健肾保肾的药物。

2. 药物选择不科学

治疗鸡病时，有的养殖户喜欢同时使用2种或2种以上的抗病毒药或抗生素。部分兽药门市在给养鸡户提供兽药时，为了所谓的“保险起见”，经常针对一种鸡病，提供2种或2种以上的药物，甚至3种以上，不仅增加了成本，而且易导致耐药性的产生，增加以后治疗的难度。其实，关键要看药物的真假、药效的高低。只要药物有效，用一种抗生素或抗病毒药完全可以治愈，并非药物种类用得越多疗效越好。

3. 忽视对因治疗

在兽医临床中，许多养殖户重视对症治疗，忽视对因治疗。其实，在治疗鸡病时，必须弄清发病的具体原因和病原种类，然后进行对因治疗，效果才会更加理想。如鸡腺胃炎（彩图7），只有找出发病原因，才能达到治疗的目的。若是饲料霉变所致，一味用药治疗而不更换饲料，效果也不会理想。再如鸡消化道疾病，不能因为有腹泻的症状就直接用止泻药，而要分析是何种原因所致，若可以用疫苗紧急接种，就要立即接种疫苗，再配合抗病毒药使用。

4. 轻视消毒与管理

在饲养管理过程中，部分养殖户重视防疫，轻视平时的消毒与管理。几乎每个养殖户都能严格按照免疫程序接种疫苗，但在消毒问题上，虽然也知道消毒的重要性，但真正按照要求严格消毒的很少。有些养殖场虽然建有消毒池，但往往不考虑消毒池的宽度和深度，也不考虑消毒池是否经常受到阳光的直射，不注重消毒的效果。有些养殖户连消毒剂适合的消毒对象都搞不清楚，以为只要消毒就行。其实，目前常用的消毒剂种类很多，不同的消毒剂作用对象和使用范围不同。在使用时，要经常更换，不能长期使用同一种消毒剂。

5. 盲目免疫接种

盲目免疫接种主要表现在以下方面：一是喜欢选择中等偏强毒力的疫苗免疫，并加大剂量，增加免疫次数；二是随意减少疫苗接种的对象、次数和用量；三是免疫间隔不合理，间隔过短或过长的现象依然存在；四是认为疫苗接种数量、次数和用量越多越好；五是以高免卵黄或高免血清代替疫苗，导致免疫保护期短等。

6. 频繁使用药物预防

每年秋季和冬季，鸡群易发呼吸道疾病，部分鸡场喜欢在饲料中添加黄芪多糖、麻杏石甘散、清瘟败毒散等。其实，正确的预防措施应是接种疫苗、加强饲养管理、严格消毒，尤其要控制好鸡舍内的温度、湿度，加强通风，并杜绝外来人员和其他动物进入，以减少外来病原侵入的机会。若在鸡群发病之前，就经常在饲料或饮水中添加防治呼吸道疾病的药物，不仅增加饲养成本，而且易使病原产生耐药性，增加以后治疗的难度。

三、使用违禁药

1. 食品动物禁用的兽药及其他化合物

食品动物禁用的兽药及其他化合物清单见表8-1。

表8-1　食品动物禁用的兽药及其他化合物清单

序号	药物及其他化合物名称	禁用动物种类	可食组织及产品
1	酒石酸锑钾	所有食品动物	所有可食组织及奶、蛋、蜂蜜等
2	β-兴奋剂类：阿福特罗、班布特罗、溴布特罗、西马特罗、西布特罗、克仑特罗、氯丙那林、福莫特罗、马布特罗、苯乙醇胺A、沙丁胺醇、齐帕特罗、莱克多巴胺及其盐、酯	所有食品动物	所有可食组织及奶、蛋、蜂蜜等
3	汞制剂：氯化亚汞（甘汞）、醋酸汞、硝酸亚汞、吡啶基醋酸汞	所有食品动物	所有可食组织及奶、蛋、蜂蜜等
4	毒杀芬（氯化烯）	所有食品动物	所有可食组织及奶、蛋、蜂蜜等
5	卡巴氧及其盐、酯	所有食品动物	所有可食组织及奶、蛋、蜂蜜等
6	呋喃丹（克百威）	所有食品动物	所有可食组织及奶、蛋、蜂蜜等
7	氯霉素及其盐、酯	所有食品动物	所有可食组织及奶、蛋、蜂蜜等
8	杀虫脒（克死螨）	所有食品动物	所有可食组织及奶、蛋、蜂蜜等
9	氨苯砜	所有食品动物	所有可食组织及奶、蛋、蜂蜜等
10	硝基呋喃类：呋喃西林、呋喃妥因、呋喃它酮、呋喃唑酮、呋喃苯烯酸钠	所有食品动物	所有可食组织及奶、蛋、蜂蜜等

（续）

序号	药物及其他化合物名称	禁用动物种类	可食组织及产品
11	林丹（丙体六六六）	所有食品动物	所有可食组织及奶、蛋、蜂蜜等
12	孔雀石绿	所有食品动物	所有可食组织及奶、蛋、蜂蜜等
13	类固醇激素：醋酸美仑孕酮、甲基睾丸酮、群勃龙（去甲雄三烯醇酮）	所有食品动物	所有可食组织及奶、蛋、蜂蜜等
14	安眠酮	所有食品动物	所有可食组织及奶、蛋、蜂蜜等
15	硝呋烯腙	所有食品动物	所有可食组织及奶、蛋、蜂蜜等
16	五氯酚酸钠	所有食品动物	所有可食组织及奶、蛋、蜂蜜等
17	硝基咪唑类：洛硝达唑、替硝唑	所有食品动物	所有可食组织及奶、蛋、蜂蜜等
18	硝基酚钠	所有食品动物	所有可食组织及奶、蛋、蜂蜜等
19	己二烯雌酚、己烯雌酚、己烷雌酚及其盐、酯	所有食品动物	所有可食组织及奶、蛋、蜂蜜等
20	锥虫砷胺	所有食品动物	所有可食组织及奶、蛋、蜂蜜等
21	万古霉素及其盐、酯	所有食品动物	所有可食组织及奶、蛋、蜂蜜等

2. 禁止在饲料和动物饮用水中使用的药物品种（农业部公告第176号）

（1）肾上腺素受体激动剂 盐酸克伦特罗、沙丁胺醇、硫酸沙丁胺醇、莱克多巴胺、盐酸多巴胺、西马特罗、硫酸特布他林。

（2）性激素 己烯雌酚、雌二醇、戊酸雌二醇、苯甲酸雌二醇、氯烯雌醚、炔诺醇、炔诺醚、醋酸氯地孕酮、左炔诺孕酮、炔诺酮、绒毛膜促性腺激素（绒促性素）、促卵泡生长激素（尿促性素主要含卵泡刺激 FSHT 和黄体生成素 LH）。

（3）蛋白同化激素 碘化酪蛋白、苯丙酸诺龙及苯丙酸诺龙注射液。

（4）精神药品 （盐酸）氯丙嗪、盐酸异丙嗪、安定（地西泮）、苯巴比妥、苯巴比妥钠、巴比妥、异戊巴比妥、异戊巴比妥钠、利血平、艾司唑仑、甲丙氨脂、咪达唑仑、硝西泮、奥沙西泮、匹莫林、三唑仑、唑吡旦、其他国家管制的精神药品。

（5）各种抗生素滤渣 该类物质是抗生素类产品生产过程中产生的工业三废，因含有微量抗生素成分，在饲料和饲养过程中使用后对动物有一定的促生长作用。但对养殖业的危害很大，一是容易引起耐药性，二是由于未做安全性试验，存在各种安全隐患。

3. 禁止在饲料和动物饮水中使用的物质（农业部公告第 1519 号）

苯乙醇胺 A、班布特罗、盐酸齐帕特罗、盐酸氯丙那林、马布特罗、西布特罗、溴布特罗、酒石酸阿福特罗、富马酸福莫特罗、盐酸可乐定、盐酸赛庚啶。

4. 农业部关于决定禁止在食品动物中使用洛美沙星等 4 种原料药的各种盐、酯及其各种制剂的公告（农办医函〔2015〕37 号）

自 2016 年 1 月 1 日起，停止经营、使用洛美沙星、培氟沙星、氧氟沙星、诺氟沙星等 4 种原料药的各种盐、酯及其各种制剂。

5. 农业部部决定停止在食品动物中使用喹乙醇、氨苯胂酸、洛克沙胂等三种兽药（农业部公告第 2638 号）

自 2018 年 5 月 1 日起，停止生产喹乙醇、氨苯胂酸、洛克沙胂 3 种兽药的原料药及各种制剂，相关企业的兽药产品批准文号同时注销；自 2019 年 5 月 1 日起，停止经营、使用喹乙醇、氨苯胂酸、洛克沙胂 3 种兽药的原料药及各种制剂。

第二节 提高鸡病防治效益的主要途径

一、做好鸡病综合防治

1. 生物安全

科学选择场址，合理规划布局（图 8-1），实行全进全出的饲养制

度，分区分类饲养制度，规范日常饲养管理，加强对饲养人员、外来人员、车辆及用具的管理消毒（彩图8），加强饲料、饮水管理，做好鸡场粪便及尸体等废弃物的无害化处理（彩图9），做好灭蚊、蝇、鼠等工作，以减少疫病的传播。

图8-1 鸡场合理布局

2. 精细管理

根据蛋鸡不同阶段对饲料营养、温度、湿度、密度、光照、通风及免疫的要求，提供适合其生产性能充分发挥和保持健康体质的环境条件。

3. 科学营养

营养与蛋鸡产蛋性能、机体抵抗力及免疫水平等密切相关，因此，在生产实践中，一定要根据蛋鸡的品种、类型、阶段等喂以适合的饲料，以满足营养需求。

4. 肠道健康

肠道是蛋鸡吸收营养的主要部位，是其生长发育、饲料消化利用的根本。因此，必须加强饲养管理，保证营养供给；控制细菌、病毒、寄生虫的感染程度；使用微生态制剂，调节肠道内环境；添加维生素，进行营养调控；合理用药，减少应激，以保证鸡的肠道健康。

5. 合理免疫

免疫接种是激发蛋鸡产生特异性免疫力，降低其对某些病易感性的一种重要手段。有组织、有计划地进行免疫接种，是预防和控制鸡病的重要措施之一。特别对于病毒性传染病，由于无特效治疗方法，而且一旦发生损失较大，因此，科学制订免疫程序，有针对性地免疫是预防疫病的重要措施。

6. 严格消毒

鸡场消毒是保证鸡群安全健康生长的重要措施，实行消毒，可预防

和控制传染病的发生，对养殖的成功起很大的促进作用。鸡场只有制定和采取一整套严密的消毒措施，才能有效地消灭环境、鸡体表面及工具上的病原菌，切断传染途径，真正达到灭菌防病的目的。

7. 药物预防

鸡传染病的种类很多，其中有的目前已研制出有效的疫苗，通过预防接种可以预防和控制其发生和流行。有些病特别是细菌性疾病（如鸡白痢、大肠杆菌病、禽霍乱及慢性呼吸道疾病等）目前还没有研制出或虽已研制出疫苗，但在实际应用中效果不佳。因此，对该类传染病平时除应加强饲养管理，搞好环境卫生和消毒，加强检疫工作外，使用适当的药物进行预防也是一项重要措施。

8. 减少应激

应激反应不仅导致鸡的生产性能降低、免疫力下降和种鸡孵化率降低，而且还诱发各种疫病甚至导致鸡死亡，从而对养鸡生产造成损失。因此，要选用适合的品种，创造适宜的环境，科学饲养管理，使用抗应激药物，保持鸡舍清洁，定期做好带鸡消毒、饮水及环境的消毒，消除病原，做好疫病的防治，以减少应激对蛋鸡的不良影响。

9. 提高福利

动物福利是指动物有机体的身体及心理与其环境维持协调的状态。就蛋鸡而言，可以通过改善饲养环境，降低饲养密度，精心饲养管理，改善蛋鸡养殖中的饲养设备和设施，采用大笼饲养、自由散养、棚舍平养和有机饲养等家禽福利较好的饲养模式，以提高蛋鸡在饲养中的福利。

10. 以鸡为本

养鸡的核心是鸡，因此，一切饲养管理要求都要从鸡本身出发，通过对鸡行为的观察和研究，真正了解鸡需要什么，而不是站在人的立场上，让蛋鸡被动地接受。生产实践也证明了这一点。

二、做好主要鸡病的诊治

1. 流行病学诊断

通过问诊、视诊、听诊、嗅诊等方法，调查鸡群发病的时间、数量、日龄、发病率、病死率、死亡率、病程经过、免疫接种情况、用药情况等，以便早期对鸡病做出初步判断。

2. 临床诊断

通过观察患病鸡群的临床症状进行诊断。蛋鸡常见异常表现及临床意义见表8-2。

表8-2 蛋鸡常见异常表现及临床意义

检查部位	异常表现	临床意义
精神状态	精神沉郁	大多数疾病均会出现，意义不大
	极度沉郁	病情严重或濒死期
	精神尚可，但蹲伏于地	各种原因引起的腿病
	突然炸群	鼠害、噪声、人员活动等引起的惊扰
	兴奋不安	药物、食盐等中毒
冠、肉髯	苍白	贫血、出血性疾病及慢性消耗疾病，如马立克氏病、白血病、寄生虫病、住白细胞原虫病、营养缺乏、肝脏破裂等
	发绀（蓝紫色）、肿胀	急性热性病及缺氧，如新城疫、禽流感、禽霍乱、中毒等
	萎缩、倒冠	慢性消耗疾病，如肿瘤、寄生虫病、传染性贫血、新城疫、禽流感、沙门菌病、住白细胞原虫病等
	结节或痘斑	鸡痘
	白点	鸡痘前期、住白细胞原虫病
	一层白色、鳞片状结痂	黄癣病
	肉髯肿胀	慢性禽霍乱（一侧）和传染性鼻炎（两侧）
	发黑	组织滴虫病
	小米粒大小梭状出血和坏死	住白细胞原虫病
	樱桃红色	一氧化碳中毒
皮肤羽毛	脱落	啄癖、外寄生虫、含硫氨基酸缺乏、葡萄球菌病
	蓬乱、污秽、无光泽	某些慢性疾病或营养不良
	稀少	叶酸、烟酸和泛酸缺乏，羽虱
	根部如被一层异常组织包围	黄癣病
	肿瘤	马立克氏病

（续）

检查部位	异常表现	临床意义
眼睛	结膜发白或变成黄色	结核病、鸡白痢、寄生虫病和淋巴性白血病等慢性疾病
	角膜混浊，结膜内积有干酪样、黄白色凝块	维生素 A 缺乏症
	一侧眼的瞬膜下形成黄色、干酪样小球，眼球鼓起，角膜中央有溃疡	曲霉菌病、传染性喉气管炎的白喉型
	结膜内有稍隆起的溃疡灶，灶内有不易剥离的豆腐渣样物	结膜型鸡痘
	虹膜变成灰色，瞳孔极小或呈放射状	马立克氏病
鼻孔	鼻孔内挤出多量黏稠鼻涕，可挤出炼乳样或豆渣样物	维生素 A 缺乏
	流鼻涕，有一股特殊的臭味	传染性鼻炎
营养状况	整群营养不良、生长缓慢	饲料质量差或饲养管理不善
	整群鸡大小不等，部分鸡营养不良、消瘦	慢性消耗性疾病，如马立克氏病、寄生虫病等
口腔	形成溃疡	维生素 A 缺乏
	形成白色假膜	念珠菌病
	黏膜有不易剥离的假膜，剥离后出现溃疡面	鸡痘
嗉囊	食物不多	某些慢性疾病或饲料适口性差
	内容物稀软，有积液或积气	慢性消化不良症，软嗉病
	单纯性积液或积气	体温过高或是支配唾液腺的神经发生麻痹所致
	有多量较硬的食物或异物	嗉囊梗阻
	膨大或下垂	嗉囊积食
	空虚	重病末期

（续）

检查部位	异常表现	临床意义
腹部	异常膨大并且下垂	鸡白痢、鸡伤寒和白血病等
	下垂胀大，有液体，按压时鸡有痛感，触感有波动	卵黄性腹膜炎
	蜷缩、干燥、失去弹性	结核病、白痢病或内寄生虫等慢性疾病
	腹部轻微水肿，皮肤蓝紫色	缺硒
	紫红色，羽毛脱落	葡萄球菌病
	肝脏肿大	大肝病
泄殖腔	周围或深部发炎肿胀，并形成似白喉样的假膜	慢性泄殖腔炎
	肿胀，周围覆盖多量黏液状的蛋白分泌物	前殖吸虫病
	肿胀凸出，甚至外翻，黏膜充血、肿胀呈粉红或红紫色	脱肛
运动和姿势	“劈叉”姿势	马立克氏病
	“观星”姿势	维生素 B_1 缺乏症
	“趾蜷曲”姿势	维生素 B_2 缺乏症
	“企鹅式”站立或行走姿势	输卵管积水（囊肿）、卵黄性腹膜炎、大肝病等
	“鸭式”步态	鸡球虫病、严重的绦虫病和蛔虫病
	交叉站立，跗关节着地	传染性脑脊髓炎、弧菌性肝炎等
	行走无力，呈蹲伏姿势	钙磷缺乏、葡萄球菌病等
	肘部外翻，关节肿大、变粗	锰缺乏症
	运步摇晃，呈不同程度的“O”形、“X”形外观或运动失调	佝偻病、维生素 D 缺乏症、锰缺乏症、胆碱缺乏症、叶酸缺乏症、生物素缺乏症等
	头部震颤、抽搐	传染性脑脊髓炎
	扭头、站立不稳、观星	神经型新城疫、维生素 B_1 缺乏症、维生素 E 缺乏症等

（续）

检查部位	异常表现	临床意义
呼吸动作	吸气困难、伸颈张口呼吸	传染性喉气管炎、白喉型鸡痘等
	咳嗽、气喘、呼噜	新城疫、传染性支气管炎、传染性喉气管炎、鸡毒支原体病、传染性鼻炎，也可见于禽流感、慢性禽霍乱等
	气喘、咳嗽、混合性呼吸困难	肺炎型白痢、大肠杆菌病、鸡毒支原体病、曲霉菌病、舍内氨气过浓等
声音	叫声嘶哑或间杂呼吸啰音、呼噜、怪叫声	鸡白痢、副伤寒、马立克氏病、新城疫、传染性支气管炎、传染性喉气管炎、鸡毒支原体病、传染性鼻炎、盲肠肝炎等
	叫声停止，张口无音	濒死期
	甩鼻音	传染性鼻炎、支原体病
饮食状态	食欲减少	消化器官疾病、热性病、营养缺乏等
	食欲废绝	疾病后期
	食欲增加	能量偏低、疾病好转时、食盐中毒
	饮水增加	热性病、热应激、球虫病早期、腹泻及食盐中毒等
	饮水明显减少	温度低、药物有异味、病情严重
	异嗜	与蛋白质及矿物质等缺乏、光照强度等有关
粪便	白色粪便	鸡白痢、肾型传染性支气管炎、传染性法氏囊病、内脏型痛风、磺胺类药物中毒等
	红色粪便	鸡球虫病
	黄色粪便	球虫病、厌氧菌或大肠杆菌感染、消化不良
	肉红色粪便，成堆如烂肉样	绦虫病、蛔虫病、球虫病、肠毒综合征
	绿色粪便	鸡新城疫、禽流感、慢性消耗性疾病
	黄绿色粪便，并有绿色干粪	败血型大肠杆菌病
	黑色粪便	小肠球虫病、肌胃糜烂症、上消化道出血

（续）

检查部位	异常表现	临床意义
粪便	水样粪便	食盐中毒、肾型传染性支气管炎、饮水过多
	硫黄样粪便	组织滴虫病
	饲料便	饲料品质差、消化不良、球虫、肠毒综合征等
	蛋清样	传染性法氏囊病、禽流感
	白色米粒结节	绦虫病
	泡沫	受寒、加糖过量
	假膜	球虫病、坏死性肠炎
鸡爪	趾爪向内蜷曲	维生素 B_2 缺乏
	趾部有裂口	生物素缺乏
	趾关节肿胀，跛行，关节内有白色沙粒状结晶物	痛风
	趾关节肿大，呈紫红或紫黑色，趾瘤，脚底肿大	葡萄球菌病
	趾、足关节常见白色奶油状渗出物	滑液囊支原体病
	极度肿大，外附石灰样物	膝螨
骨和关节	胸骨呈S状弯曲	钙和维生素D缺乏
	关节肿胀，切开有浅黄色胶冻样渗出物或豆渣样坏死物	葡萄球菌病、禽霍乱、大肠杆菌病、滑液囊支原体病或鸡白痢
	跗关节上下肿胀，腱鞘断裂，局部出血	病毒性关节炎

3. 病理学诊断

应用病理解剖学的方法，对患病死亡的鸡只进行剖检，查看其病理变化。蛋鸡常见异常病理变化及临床意义见表8-3。

表 8-3　蛋鸡常见异常病理变化及临床意义

病变部位	病理变化	临床意义
肌肉	脱水	肾脏疾病、严重腹泻
	水煮状	热应激、坏死性肠炎
	小米粒大小出血和梭状坏死	住白细胞原虫病
	片状出血	传染性法氏囊病、磺胺类药物中毒
	白色尿酸盐沉积	痛风、肾型传染性支气管炎
	贫血、苍白	严重出血、贫血、营养不良
	肿瘤	马立克氏病
	溃疡、脓肿	外伤或注射疫苗感染
肝脏	肿大、淤血，被膜下有针尖大小的坏死灶	禽霍乱
	肿大，被膜下有大小不一的坏死灶	鸡白痢
	肿大、古铜色，有大小不一的坏死灶	伤寒
	土黄色	传染性法氏囊病、磺胺类药物中毒、弧菌性肝炎
	黄色、凹陷坏死灶，边缘出血	盲肠肝炎
	星状坏死	弧菌性肝炎
	肿大、出血和坏死相间	包涵体肝炎
	肿大，充满整个腹腔	淋巴细胞白血病
	肿瘤结节	马立克氏病、淋巴细胞白血病、网状内皮组织增殖症
	表面覆盖黄白色纤维素	败血型大肠杆菌病
	白色尿酸盐沉积	痛风、肾型传染性支气管炎、痛风
	表面有白色胶样渗出物	衣原体感染
	出血	中毒、鸡白痢、弧菌性肝炎、包涵体肝炎、住白细胞原虫病

（续）

病变部位	病理变化	临床意义
肝脏	坏死	鸡白痢、弧菌性肝炎、包涵体肝炎、住白细胞原虫病
	结节性病变	马立克氏病、淋巴细胞白血病、网状内皮增殖症
	破裂	脂肪肝
肾脏	红肿	伤寒
	出血	住白细胞原虫病
	淤血	禽流感
	实质肿大	肾型传染性支气管炎、沙门菌病、药物中毒
	肿大并有尿酸盐沉积，输尿管变粗	肾型传染性支气管炎、沙门菌感染、传染性法氏囊病、痛风、磺胺类药物中毒
	被膜下出血	住白细胞原虫病、磺胺类药物中毒
	肿瘤	马立克氏病、淋巴细胞白血病、网状内皮组织增殖症
	被膜上有灰白色粉末状沉积	钙磷比例不当、肾型传染性支气管炎
	内部有黄白色微细颗粒沉着或结石	维生素 A 缺乏、沙门菌感染
食道	出血	药物中毒、禽流感
	表面有一层白色假膜	念珠菌病、毛滴虫病
腺胃	变薄，形成溃疡或穿孔，乳头变平	坏死性肠炎、热应激、腺胃炎
	乳头出血	新城疫、禽流感、药物中毒
	黏膜和乳头广泛性出血	住白细胞原虫病、药物中毒、禽流感
	乳头挤出白色脓性分泌物	禽流感
	肿大呈乒乓球状、胃壁增厚、乳头脱落或融合	腺胃炎

（续）

病变部位	病理变化	临床意义
肌胃	变软、无力	霉菌感染、药物中毒
	角质层糜烂	霉菌感染、药物中毒、肌胃糜烂症
	角质层下出血	新城疫、禽流感、霉菌感染、药物中毒
	腺胃与肌胃交界处腐蚀、糜烂	药物中毒、霉菌感染
	腺胃与肌胃交界处铁锈色	药物中毒、强毒新城疫
	腺胃与肌胃交界处水肿、变性	药物中毒
	腺胃与肌胃交界处出血	新城疫、禽流感、传染性法氏囊病
小肠	肿胀，浆膜有点状出血或白点	小肠球虫病
	壁增厚，有白色条状坏死，严重时形成假膜	慢生小肠球虫病、坏死性肠炎
	直径变粗，内有气体，黏膜坏死	坏死性肠炎
	变粗、变白、肠壁变厚，剪开自动外翻，黏膜上有黄色麸皮样物，肠道呈结节状	小肠球虫病
	黏膜脱落	坏死性肠炎、热应激、禽流感
	肠壁变薄，黏膜出血	肠炎
	枣核状溃疡	新城疫
	弥漫性出血	禽流感、禽霍乱
盲肠	白色盲肠芯，横切呈同心圆状结构，黏膜坏死	盲肠肝炎
	变粗，有白色内容物堵塞	鸡白痢
	黏膜大面积溃疡	溃疡性肠炎
	有红色血液，壁增厚、出血，体积增大	盲肠球虫病
	扁桃体肿大、出血、溃疡	新城疫

（续）

病变部位	病理变化	临床意义
直肠	肠壁形成米粒样大小的结节	慢性沙门菌病、大肠杆菌肉芽肿
脾脏	淤血	伤寒
	坏死结节	结核病
	出血	住白细胞原虫病
	肿瘤	马立克氏病、淋巴细胞性白血病、网状内皮组织增殖症
	坏死点	沙门菌病
胰腺	肿胀、出血、坏死	禽流感
	出血	住白细胞原虫病
鼻腔	流浆液性鼻液、充血、出血	传染性鼻炎
喉头	痘斑，黄色栓塞	鸡痘
	喉头、气管充血和出血，有渗出物堵塞	传染性喉头气管炎
	黏膜出血（弥漫性或斑点状）	新城疫、禽流感
气管	充血、出血、带黏液	传染性支气管炎、传染性喉气管炎
	充血和纤维素渗出	新城疫、禽流感
肺脏	肿瘤、肉变	马立克氏病、淋巴细胞白血病
	樱桃红色	一氧化碳中毒
	黄色米粒大小结节	鸡白痢、曲霉菌病
	形成黄白色较硬的豆腐渣样物	结核病、曲霉菌病、马立克氏病
	霉菌斑、出血	霉菌感染
支气管	有大量干酪样物或黏液	育雏期湿度过低、传染性支气管炎
	上端出血	传染性支气管炎、新城疫、禽流感
	栓塞	传染性支气管炎、禽流感、支原体病
气囊	黄色干酪样物	大肠杆菌病、支原体病
	小泡，在腹气囊中形成许多泡沫	支原体感染

（续）

病变部位	病理变化	临床意义
气囊	混浊、增厚	大肠杆菌病、支原体病、霉菌感染
	霉菌斑或黄白色干酪样物	霉菌感染
	米粒大小的结节	曲霉菌病
心脏	冠状脂肪出血	禽霍乱、禽流感
	形成米粒样大小结节	慢性沙门菌病、大肠杆菌病、住白细胞原虫病
	心尖脂肪白色隆起且质地硬	鸡白痢、肿瘤
	米粒大的小白点	住白细胞原虫病
	心包积液，外面有纤维素	大肠杆菌病、鸡白痢、支原体病
	心包积有大量白色尿酸盐	肾型传染性支气管炎、痛风、磺胺类药物中毒
	心包积有大量黄色液体	一氧化碳中毒
	心肌变性，心内外膜出血	禽流感、禽霍乱、维生素 E 缺乏症
法氏囊	体积肿大	淋巴细胞白血病
	体积缩小	营养不良、法氏囊病后期、马立克氏病
	肿大、出血、水肿，呈紫葡萄状	传染性法氏囊病
脑	小脑肿胀、柔软、脑膜水肿及脑回展平，有散在的小出血点，切面有灰白色或黄绿色坏死区	维生素 E 缺乏
	大脑脑膜充血、出血	中暑
卵泡和输卵管	充血	新城疫、热应激或大肠杆菌病
	变形呈菜花状、液化	禽流感
	卵泡颜色变为灰绿色	沙门菌病
	输卵管中有黄白色豆渣样干酪物	大肠杆菌病
	输卵管中有白色胶冻样物	禽流感

（续）

病变部位	病理变化	临床意义
卵泡和输卵管	输卵管中有大量无色透明液体，膨大呈球状	传染性支气管炎、衣原体病
腹膜和腹部脂肪	卵黄性腹膜炎，腹腔中布满黄色凝固的卵黄碎块，造成肠粘连，腹水增多	大肠杆菌病、鸡白痢、传染性支气管炎或禽流感等
	腹膜、腹腔脂肪广泛点状出血	禽霍乱、禽流感

4. 实验室诊断

实验室诊断主要包括微生物学诊断（染色镜检、分离培养等）、免疫学诊断（凝集试验、血凝抑制试验等）和分子生物学诊断（PCR 诊断技术）3 类。

三、合理使用兽药

1. 蛋鸡的生理特点与合理用药的关系

蛋鸡的生理特点与合理用药的关系见表 8-4。

表 8-4　蛋鸡的生理特点与合理用药的关系

项目	生理特点	具体表现	合理用药
食性		可采食粉料和粒料	宜饮水和采食粉粒给药
消化系统	口腔构造简单，无牙齿，舌黏膜的味觉乳头较少	味觉不发达，食物在口腔停留时间短	不宜用苦味健胃药，宜用助消化药
		味觉反应迟钝，不怕辣	可用辣椒素使蛋鸡皮肤、蛋黄着色
		对咸味无鉴别能力	严格控制食盐用量，以防中毒
	无逆呕动作	不会呕吐	用催吐药无效，可行嗉囊切开术或导泻术
	肌胃角质膜坚实	消化能力强	丸剂、片剂均可消化吸收

（续）

项目	生理特点	具体表现	合理用药
消化系统	具有嗉囊，可暂存食物		嗉囊注射给药效果较好
	肠道短	食物在肠内存留时间短	用量要足，经常性添加药物，尽量注射给药
	对磺胺类药物吸收率高	对磺胺类药物敏感	易中毒，应减少用量或用药时间
	胆汁和胃液呈酸性，胰液和小肠液呈碱性	中后肠道呈酸性	青霉素在酸性条件下吸收率高，故口服效果较好
	缺乏胆碱酯酶	对抗胆碱药物敏感	慎用敌百虫等抑制胆碱酯酶药物
呼吸系统	有气囊，呼吸时均能气体交换	可增大药物扩散面积和吸收量	可通过滴鼻或气雾给药
	咳嗽能力弱	无法咳出痰液	镇咳药无效，应对症治疗
	嗅觉比较发达		刺激性强的药物会影响其摄入
泌尿系统	无膀胱，尿在肾脏中生成后，经输尿管直接输送到泄殖腔，与粪便一起排出	使用磺胺类药物易出现结晶尿	配合碳酸氢钠使用
	蛋白质代谢最终产物是尿酸	尿酸盐不易溶解，饲料中蛋白质含量过高、维生素 A 缺乏、肾脏损伤等易引起尿酸盐沉积，导致痛风	控制蛋白质、维生素 A 及钙的含量
	肾小球体积小，毛细血管分支少，结构较简单，有效滤过压较低，滤过面积小	对肌内注射主要经肾脏排泄的链霉素、庆大霉素表现得尤为敏感	不宜长期、高剂量使用，易发生中毒

（续）

项目	生理特点	具体表现	合理用药
生殖系统	无明显的发情周期和妊娠过程，胚胎发育在体外孵化	可经种蛋传播疾病	入孵前的种蛋要进行消毒，或选用有针对性的药，经胚胎注射给药
	卵巢能产生许多卵泡，每个成熟的卵泡都有1个卵子，每成熟1个就排出1个卵子		禁用影响卵泡发育的药，如磺胺类药、抗球虫药、金霉素、氨茶碱、激素类等
其他系统	血脑屏障4周龄后才发育完善	此阶段易发生脑部疾病 有些物质，如食盐、克林沙星等能透过血脑屏障	用能穿透血脑屏障的药，如磺胺药易引起中毒，要严格使用或不用
	体表羽毛密集		杀灭体外寄生虫，不能使用膏剂、糊剂药物
	缺乏羟化酶		不能使用需要羟化代谢才能消除的药物（如樟脑、士的宁和巴比妥类等）
	无汗腺	怕热	防暑降温，应用维生素C、小苏打等抗应激药

2. 蛋鸡常用的抗微生物药

抗微生物药是指对细菌、真菌、支原体、立克次氏体、衣原体、螺旋体和病毒等病原微生物具有抑制或杀灭作用的一类化学物质，包括抗生素和人工合成的抗菌药（表8-5）。

表8-5 蛋鸡常用的抗微生物药

药物名称	临床应用	用法用量
青霉素G	链球菌病、葡萄球菌病、坏死性肠炎、禽丹毒及各种混合或继发革兰阳性菌感染	肌内注射：一次量，3万~5万国际单位/千克体重，2~3次/天，连用2~3天。内服：2万国际单位/只（雏鸡），连用3~5天

（续）

药物名称	临床应用	用法用量
氨苄西林	大肠杆菌病、沙门菌病、巴氏杆菌病、葡萄球菌病及链球菌病等	混饮：60 毫克/升，连用 3～5 天。混饲：100 克/吨，连用 3～5 天。肌内注射：一次量，5～10 毫克/千克体重，2 次/天，连用 2～3 天
阿莫西林	敏感性革兰阳性菌和革兰阴性菌感染，如禽霍乱、葡萄球菌病、大肠杆菌病、输卵管炎和腹膜炎等	混饮：60 毫克/升，连用 3～5 天。内服：20～30 毫克/千克体重，2 次/天，连用 5 天
复方阿莫西林	敏感性革兰阳性菌和革兰阴性菌感染，如沙门菌病、葡萄球菌病、大肠杆菌病、输卵管炎和腹膜炎等	混饮：0.5 克/升，2 次/天，连用 3～5 天
头孢噻呋	禽霍乱、沙门菌病、大肠杆菌病、葡萄球菌病、链球菌病等	皮下注射（以头孢噻呋计），1 日龄雏鸡 0.1～0.2 毫克/只
磷酸头孢喹肟	大肠杆菌病及禽霍乱等	肌内注射：2～4 毫克/千克体重，1 次/天，连用 2～3 天。内服：20 毫克/千克体重，2 次/天，连用 3 天
链霉素	大肠杆菌病、沙门菌病、葡萄球菌病、慢性呼吸道病等	内服：10～20 毫克/千克体重，2 次/天，连用 2～3 天。肌内注射，10～15 毫克/千克体重，2 次/天，连用 2～3 天
庆大霉素	大肠杆菌病、沙门菌病、禽霍乱、葡萄球菌病、慢性呼吸道病、腹膜炎、输卵管炎及败血症	肌内注射：雏鸡 3～5 毫克/千克体重，成年鸡 10～15 毫克/千克体重，2～3 次/天。混饮：20～40 毫克/升（肠道感染）或 50～100 毫克/升（腹膜炎、输卵管炎），连用 3～5 天
卡那霉素	大肠杆菌病、禽霍乱、沙门菌病及支原体病等	混饮：60～120 毫克/升水，连用 3～5 天。肌内注射：10～15 毫克/千克体重，2 次/天。内服：30 毫克/千克体重，2 次/天，连用 3～5 天

（续）

药物名称	临床应用	用法用量
新霉素	革兰阴性菌所致的肠道感染，如大肠杆菌病、沙门菌病等	混饮：50～75毫克/升，连用3～5天
大观霉素	革兰阴性菌及支原体感染，如大肠杆菌病、沙门菌病、禽霍乱、支原体病等	混饮：0.5～1克/升，连用3～5天
安普霉素	大肠杆菌病、沙门菌病、禽霍乱等	混饮：0.25～0.5克/升，连用3～5天
土霉素	革兰阳性菌、革兰阴性菌及支原体感染，如禽霍乱、大肠杆菌病、沙门菌病、支原体病、葡萄球菌病、衣原体感染等	混饮：0.15～0.25克/升，连用3～5天。混饲：100～300克/吨。内服，25～50毫克/千克体重，2次/天，连用3～5天
金霉素	低剂量可以促进生长，改善饲料利用率；中高剂量可预防或治疗支原体病、大肠杆菌病等	混饮：0.2～0.4克/升。混饲（促生长）：10～50克/吨
多西环素	革兰阳性菌、革兰阴性菌及支原体感染，如禽霍乱、大肠杆菌病、沙门菌病、支原体病等	混饮：0.3克/升，连用3～5天。内服，15～25毫克/千克体重，1次/天，连用3～5天
红霉素	耐青霉素金黄色葡萄球菌感染和其他敏感菌所致的感染，如葡萄球菌病、链球菌病、支原体病、坏死性肠炎等	内服：10～40毫克/千克体重，2次/天，连用3～5天。混饮：125毫克/升，连用3～5天
吉他霉素	革兰阳性菌、支原体引起的感染性疾病，如葡萄球菌病、链球菌病、慢性呼吸道病	混饮：0.25～0.5克/升，连用3～5天。混饲：100～300克/吨，连用5～7天。内服：25～50毫克/千克体重，2次/天，连用3～5天

（续）

药物名称	临床应用	用法用量
泰乐菌素	革兰阳性菌感染及支原体感染、坏死性肠炎等	混饮：0.5 克/升，连用 3 ~ 5 天。混饲：0.5 ~ 1 克/千克，连用 5 ~ 7 天。皮下注射：5 ~ 13 毫克/千克体重，1 次/天，连用 2 ~ 3 天
替米考星	支原体感染、禽霍乱等	混饮：75 ~ 150 毫克/升，连用 3 天
泰万菌素	革兰阳性菌、支原体引起的感染性疾病，如葡萄球菌病、慢性呼吸道病、气囊炎等	混饮：200 ~ 300 毫克/升，连用 3 ~ 5 天。混饲：100 ~ 300 克/吨，连用 5 ~ 7 天
氟苯尼考	大肠杆菌病、禽霍乱、慢性呼吸道病和沙门菌病等	混饮：100 ~ 200 毫克/升，连用 3 ~ 5 天。内服：20 ~ 30 毫克/千克体重，2 次/天，连用 3 ~ 5 天。肌内注射：20 ~ 30 毫克/千克体重，1 ~ 2 次/天，连用 2 ~ 3 天
林可霉素	革兰阳性菌、厌氧菌及支原体感染	混饮：150 毫克/升，连用 5 ~ 7 天
盐酸大观霉素 盐酸林可霉素	沙门菌病、大肠杆菌病、支原体感染等	混饮：0.5 ~ 0.8 克/升，连用 3 ~ 5 天
硫酸黏菌素	革兰阴性菌所致的肠道感染	混饲：2 ~ 20 克/吨。混饮：20 ~ 60 毫克/升，连用 3 ~ 5 天
泰妙菌素	慢性呼吸道病	混饮：125 ~ 250 毫克/升，连用 3 ~ 5 天
磺胺嘧啶	各种敏感菌引起的脑部、消化道、呼吸道感染，脑部细菌感染的首选药	内服：50 ~ 100 毫克/千克体重，首次量加倍。混饮：80 ~ 160 毫克/千克体重，连用 3 ~ 5 天
磺胺间 甲氧嘧啶	敏感菌所致的全身或局部感染，特别对球虫病等有良好疗效	混饮：0.25 ~ 0.5 克/升，连用 3 ~ 5 天。混饲：125 ~ 250 克/吨，连用 5 ~ 7 天
复方磺胺 二甲嘧啶	沙门菌病、禽霍乱、葡萄球菌病、链球菌病等	混饮：5 克/升，连用 3 ~ 5 天

（续）

药物名称	临床应用	用法用量
磺胺对甲氧嘧啶	泌尿道、生殖道、呼吸道及体表局部的各种敏感菌感染，尤其对泌尿道感染疗效显著，也可用于防治鸡球虫病	内服：50～100毫克/千克体重，2次/天，连用3～5天
环丙沙星	敏感菌及支原体所致的各种感染性疾病，如大肠杆菌病、禽霍乱、沙门菌病、支原体病、葡萄球菌病	混饮：50～100毫克/升，连用3～5天。肌内注射：5～10毫克/千克体重，2次/天，连用3～5天
恩诺沙星	敏感菌及支原体所致的各种感染性疾病，如大肠杆菌病、禽霍乱、沙门菌病和支原体病	内服：5～10毫克/千克体重，2次/天，连用3～5天。混饮：50～100毫克/升，连用3～5天。肌内注射：5～10毫克/千克体重，2次/天，连用3～5天
甲磺酸达氟沙星	敏感菌及支原体所致的各种感染性疾病，如大肠杆菌病、禽霍乱、支原体病	内服：2.5～5毫克/千克体重，1次/天，连用3～5天。混饮：25～50毫克/升，连用3～5天；肌内注射：1.25～2.5毫克/千克体重，2次/天，连用3～5天
沙拉沙星	敏感菌及支原体所致的各种感染性疾病，如大肠杆菌病、沙门菌病、支原体病和葡萄球菌病	内服：5～10毫克/千克体重，2次/天，连用3～5天。混饮：50～100毫克/升，连用3～5天。肌内注射：2.5～5毫克/千克体重，连用3～5天
制霉菌素	鸡嗉囊真菌病、曲霉菌病	混饲：20～40克/吨（预防），80克/吨（治疗），连用3～5天。治疗雏鸡曲霉菌病，5000国际单位/只，青年鸡、成年鸡1万～2万国际单位/千克体重，或50万～100万国际单位/千克饲料，连用3～5天

3. 蛋鸡常用的抗寄生虫药

抗寄生虫药是指能杀灭寄生虫或抑制其生长繁殖的物质（表8-6）。

表 8-6 蛋鸡常用的抗寄生虫药

药物名称	临床应用	用法用量
氨丙啉	防治鸡球虫病	混饲：100～125毫克/千克（预防），250毫克/千克（治疗）。混饮：60～100毫克/升（预防），250毫克/升（治疗），连用7天
盐酸氨丙啉磺胺喹噁钠	防治鸡球虫病	混饮：0.5克/升，连用3～5天
盐霉素	防治鸡球虫病	混饲：60克/吨
拉沙洛菌素	防治鸡球虫病	混饲：70～125毫克/千克
地克珠利	防治鸡球虫病	混饲：1～2克/吨。混饮：0.5～1毫克/升
妥曲珠利	防治鸡球虫病	混饮：1毫升（含甲基三嗪酮25毫克）/升，连用2天
二硝托胺	防治鸡球虫病	混饲：125克/吨（预防），治疗量加倍
磺胺间甲氧嘧啶	防治鸡球虫病	混饮：0.25～0.5克/升，连用3～5天
磺胺氯吡嗪钠	防治鸡球虫病	混饲：0.6克/千克。混饮：0.3克/升，连用3天
磺胺喹噁啉钠	对小肠球虫的防治效果优于盲肠球虫	混饮：0.3～0.5克/升，连用3～5天
阿苯达唑	驱除体内线虫，如异刺线虫、蛔虫等	内服：一次量，20～30毫克/千克体重
左旋咪唑	胃肠道线虫的治疗，也可提高机体免疫力	混饲：50～100毫克/千克。混饮：25～50毫克/升（提高免疫力）。内服：25～50毫克/千克体重。肌内注射：25毫克/千克体重
伊维菌素	驱除胃肠道线虫和体外寄生虫，如蛔虫、毛细线虫、螨虫等	皮下注射：0.2毫克/千克。内服：0.2～0.4毫克/千克体重

（续）

药物名称	临床应用	用法用量
阿维菌素	驱除胃肠道线虫和体外寄生虫，如蛔虫、毛细线虫、螨虫等	皮下注射：0.2毫克/千克。内服：0.4毫克/千克体重
阿苯达唑 伊维菌素	驱除或杀灭线虫、吸虫、绦虫、螨等体内外寄生虫	规格：100克（阿苯达唑10克＋伊维菌素0.2克）。内服：1克/10千克体重
氯硝柳胺	驱除各种绦虫	内服：一次量，50～60毫克/千克体重
吡喹酮	防治各种绦虫病及吸虫病	内服：一次量，10～20毫克（绦虫病）/千克体重，50～60毫克（吸虫病）/千克体重
溴氰菊酯	防治体外寄生虫及杀灭环境昆虫	灭蚊、蝇、蚋、蠓等，将乳油按1:1000稀释后喷洒，间隔8～10天再重复用药一次，按10～15毫克/米^{2}喷洒鸡舍、墙壁等
1%环丙氨嗪	用于控制鸡舍内蝇幼虫的繁殖生长	混饲：500克/吨，连用4～6周

第九章 搞好鸡病防治，向健康要效益

第一节　常见传染病的防治

一、常见病毒性传染病

1. 禽流感

禽流感（AI）是由 A 型流感病毒引起的各种家禽和野鸟的一种急性、高度接触性传染病，传播迅速，呈流行性或大流行性。禽类有急性败血症、呼吸道感染及隐性经过等多种临床表现。

【病原】 A 型流感病毒（AIV），耐低温，不耐高温；亚型较多，各型之间缺乏交叉保护力，且易变异。根据其致病性可将禽流感分为高致病性（H5、H7）、低致病性或温和型（H9）和无致病性 3 种。我国蛋鸡主要是高致病性的 H5N1、H5N2 和低致病性的 H9N2 亚型，此外，还有 H1、H3、H4、H10。蛋鸡感染 H9N2 亚型 AIV 后输卵管膨大部、峡部和子宫部病变明显。

【流行病学】

（1）传染源　患病鸡、带毒鸡、野生禽类和迁移性的水禽。

（2）传播途径　属于接触性传染病，主要经呼吸道传播，感染动物通过咳嗽、打喷嚏等途径排出病毒，经飞沫感染其他易感动物，也可通过气源性传播。

（3）流行特点　传播速度快、范围广，发病率和死亡率高，特别是高致病性禽流感，致死率可达 80%～100%。一年四季均可发生，但以冬春寒冷季节多见，主要集中在每年的 1 月、2 月、11 月、12 月这 4 个月。

（4）易感动物　不同品种、日龄和性别的鸡均可感染，多发生于开产后的蛋鸡。但温和型流感主要发生于 35 日龄以上的鸡群。

【提示】

蛋鸡温和型流感严重，主要影响产蛋量和蛋壳品质；除 H9 亚型外，近年来又新增 H3、H4、H6 等亚型；H5、H7 亚型虽然认为是强毒，但有的鸡群发病后只表现明显的呼吸道症状，采食、饮水、粪便和死淘率基本正常。

【症状】

（1）高致病性禽流感 精神沉郁，体温升高（43～44℃），羽毛松乱，呼吸困难，咳嗽、气喘、啰音。流泪、流鼻涕，结膜炎，采食量减少或废绝，排黄绿色或灰色粪便。肿头，脸肿，冠、肉髯发绀，呈紫黑色。腿鳞出血，少数鸡出现神经症状，如扭颈、摇头及角弓反张等。蛋鸡产蛋量下降，出现软壳蛋、薄壳蛋、畸形蛋。发病后 2～3 天引起大批死亡。

（2）温和型禽流感 精神差，发烧，缩颈、嗜睡，采食量下降，饮水减少，嗉囊空虚。腹泻，排黄绿色或黄白色稀便。呼吸困难，咳嗽、打喷嚏，张口呼吸，眼睑肿胀，两眼凸出。流泪，开始为浆液性，后期流黄白色脓性分泌物。肉髯增厚、变硬，向两侧开张，呈现金鱼头状。

产蛋量下降，多在感染 2～3 天后开始，7～14 天产蛋量可由 90% 以上骤降至 5%～10%，甚至停产，同时产软壳蛋、无壳蛋、褪色蛋、沙壳蛋增多。产蛋量下降持续 1～5 周后逐步回升，但无法回升至原有水平，一般经 1～2 个月逐渐恢复至下降前的 70%～90% 之间。种鸡感染后，受精率下降 20%～40%。孵化后期雏鸡出壳困难，能啄壳但无法出壳，出壳后的弱雏增多，1 周内死亡率为 10%～20%，且易感染大肠杆菌病。

【病变】

（1）高致病性禽流感 皮肤紫红，胸肌紫红，间有大片熟肉样发白区域。嗉囊内有酸臭液体。腺胃乳头及黏膜潮红，有出血斑或出血点，从乳头可挤出脓性分泌物。腺胃与食管、肌胃交界处有出血斑，肌胃角质膜易剥离，下面有出血斑。十二指肠黏膜红肿、出血，小肠、直肠及泄殖腔黏膜弥漫性出血。肝脏肿大，表面有出血点与灰黄色坏死点，有时肝被膜下蓄有少量血液。胰腺表面有出血点与灰白色坏死点或边缘出

血。气管严重充血、出血。

卵泡充血、出血，呈紫红色，有的卵泡破裂，卵黄流入腹腔。输卵管变脆易断，内有白色脓性分式泌物。公鸡睾丸肿大、出血。盲肠扁桃体出血、坏死，肾脏肿大，有尿酸盐沉积。

（2）温和型禽流感　颜面部皮下水肿，气管和支气管充血、出血，内含黄白色黏液及栓塞物，气囊纤维素性沉着。皮下、胰腺、心冠脂肪有出血点。腺胃乳头底部出血，肌胃角质膜下出血。卵泡充血、出血、变形或变性、坏死、破裂，流入腹腔内形成卵黄性腹膜炎。输卵管壁水肿，输卵管内有白色胶冻样或干酪样物质。盲肠扁桃体肿大、出血；直肠黏膜及泄殖腔有出血点。肾脏肿胀，伴有尿酸盐沉积。有细菌感染时，肝脏被膜白浊增厚，且有纤维素性渗出物，心包膜浑浊增厚且内有积液。

【防治】

（1）预防

① 加强饲养管理。保证拥有充足的饲料和水源，增强抵抗力。保持鸡舍通风良好，增强呼吸道黏膜对不良气流的抵抗力，降低呼吸道疾病的发生。

② 减少应激，严格执行生物安全措施。严格消毒和隔离，避免病毒入侵。严禁外人进入生产区，严禁从疫区引入禽类或制品。

③ 免疫接种。高致病性禽流感建议免疫程序：使用重组禽流感病毒（H5＋H7）三价灭活疫苗（H5N1 Re-11 株＋Re-12 株，H7N9 H7-Re2 株）。首免 7～14 日龄，开产前免疫 1 次，间隔 3～4 周再免 1 次。

（2）治疗　高致病性禽流感属于人畜共患病，危害较大，一旦发生，应及时上报，采取封锁、隔离措施，病死鸡进行无害化处理。

2. 鸡新城疫

新城疫（ND）是由新城疫病毒引起禽的一种急性、热性、败血性和高度接触性传染病，以高热、呼吸困难、下痢、神经紊乱、黏膜和浆膜出血为特征。

【病原】　病原为新城疫病毒，其存在于病鸡的所有组织器官、体液、分泌物及排泄物中，其中以脑、脾脏、肺脏的含毒量最高，骨髓带毒时间最长。

【小知识】

过去多数学者认为不同基因型新城疫病毒之间具有较好的免疫交叉保护，然而即使在具有高滴度NDV抗体的免疫鸡群中，新城疫仍然时有发生，这表明对疫苗株抵抗流行株感染的能力需要进行重新验证和评价。

【流行病学】

（1）传染源 患病鸡和带毒鸡。

（2）传播途径 主要通过呼吸道和消化道传播，不能通过种蛋垂直传播。自然途径（鼻、口和眼）感染时，呼吸道症状更明显，而通过肌肉、静脉和脑内途径感染的神经症状更明显。

（3）流行特点 一年四季均可发生，但以春初、秋冬季节多见。

（4）易感动物 不同品种、日龄和性别的鸡均可感染。目前，主要集中在加强免疫前后（如20~30日龄、50~60日龄、产蛋高峰期等），有的10日龄以前也可发病。近年来，感染宿主扩大，家禽、水禽、野鸭均可感染。

【提示】

当前新城疫病毒毒株绝大多数为基因Ⅶ型（俗称强毒型），其已经成为我国NDV流行的主要优势基因型，但也存在Ⅲ、Ⅸ、Ⅵ等基因型散发。常用疫苗株对当前新城疫强毒株的攻击并不能提供理想的免疫保护效力。

【症状】

（1）典型新城疫 精神沉郁，体温升高（43~44℃），食欲减退或拒食，不愿走动，垂头缩颈，翅膀下垂，眼半闭或全闭。角膜浑浊，冠、肉髯呈暗红色或紫黑色。嗉囊积液，倒提时常有大量酸臭液体从口腔流出。呼吸困难，呼噜、啰音，伸直头颈、张口呼吸，嗉囊胀满充气。下痢，排绿色或黄绿色稀便。有神经症状，如步态不稳，转圈，扭头，瘫痪等。

（2）非典型新城疫 症状轻重、持续时间长短与鸡群免疫抗体水平高低无相关性。新城疫流行时，抗体水平低的鸡只先发病死亡，一段时间反复出现。精神沉郁，闭眼缩颈，食欲减退或不食，排出绿色或灰黄色的稀粪。张口喘气、呼吸困难、咳嗽、鸣叫，并伴有“呼噜”声，气喘。产蛋鸡主要表现为产蛋量急剧下降（30%～60%），产软壳蛋、畸形蛋或蛋壳褪色等。有神经症状，如两腿麻痹，站立不稳，头颈后仰或向下转脖、共济失调等。

【病变】

（1）典型新城疫 腺胃乳头肿胀、出血或溃疡，乳头与乳头间有点状出血或出血斑，严重时有坏死和溃疡。腺胃和肌胃交界处出血，肌胃角质膜下有出血点或溃疡。十二指肠黏膜及小肠黏膜出血或溃疡，出现“岛屿状或枣核状溃疡灶”，表面有黄色或灰绿色纤维素膜覆盖。盲肠扁桃体肿大、出血和坏死。气管黏膜充血，气管环出血明显。嗉囊内充满酸臭液体及气体，口腔和咽喉附有黏液。卵泡和输卵管显著充血，卵泡膜极易破裂，以致卵黄流入腹腔引起卵黄腹膜炎。肾脏充血及水肿，输尿管内积有大量尿酸盐。脑膜充血、出血。

（2）非典型新城疫 病变程度较典型新城疫轻。气管黏膜充血、出血且附有黏液。腺胃乳头少量出血，腺胃与食管交界处出血，肌胃角质膜下出血。十二指肠及整个小肠黏膜有暗红色出血。泄殖腔呈弥漫性出血，直肠有条纹状出血。盲肠扁桃体肿大、出血、溃疡。卵泡和输卵管充血、出血。脑膜充血、出血。

【防治】

（1）预防

① 加强饲养管理。保证鸡群合理的营养需要，保持饲料、饮水卫生，消除应激，增强鸡体免疫力和抗病能力。

② 减少应激。减少环境、管理和疾病等造成的应激，重点做好诸如传染性法氏囊病、马立克氏病、球虫病、霉菌毒素中毒等免疫抑制性疾病的预防工作，消除各种免疫抑制性因素。

③ 严格引种。选好雏鸡，做好引种工作，到信誉良好、管理严格的种鸡孵化场引进鸡苗，新购进的鸡苗必须接种过鸡新城疫疫苗，并隔离观察2周以上，证明健康者方可合群。

④ 免疫接种。

方法一：7日龄，新城疫Ⅳ系苗或新支二联滴鼻、点眼；35日龄，新城疫Ⅳ系苗饮水，新城疫油乳剂灭活苗肌内注射或新支二联滴鼻、点眼；110～120日龄，新城疫Ⅰ系苗、新支减油苗肌内注射；开产后根据抗体监测或每隔1～2个月用新城疫Ⅳ系苗饮水1次。

方法二：7 日龄，新支 H120 二联滴鼻、点眼；21 日龄，新支 H52 二联滴鼻、点眼或新城疫Ⅳ系苗饮水，新城疫油乳剂灭活苗肌注；60 日龄，新城疫I系苗肌注；110～120 日龄，新城疫I系苗、新支减油苗肌内注射；开产后根据抗体监测或每隔 1～2 个月用新城疫Ⅳ系苗饮水 1 次。

在生产中鸡新城疫 LaSota 弱毒苗免疫初级阶段采用饮水免疫、紧急预防采用滴鼻免疫。

（2）治疗

［治疗原则］ 抗病毒，防止继发感染，对症治疗和提升产蛋量。

方案 1：家禽用干扰素 2 倍量混饮，1 次/天，配上双黄连口服液，连用 3～4 天。

方案 2：新城疫 Clone-30 疫苗或新城疫Ⅳ系苗，3～4 倍量饮水或 2 倍量滴鼻、点眼紧急接种。强毒新城疫紧急接种无效，反而会导致死亡率增加。

方案 3：新城疫高免卵黄，肌内注射，1.5～2 毫升/只（或按照说明用），间隔 1～2 天再重复注射，效果更好，7～10 天后再用弱毒苗 2 倍量加强免疫 1 次。

方案 4：抗病毒中药，如清瘟败毒散、黄连解毒散等混饲或混饮，连用 4～6 天；为防止继发感染，可以用强力霉素（盐酸多西环素）、阿莫西林、氟苯尼考等混饮或混饲。

方案 5：对症治疗，退烧（如柴胡口服液、小柴胡散、氨基比林等）、止咳平喘（如麻杏石甘散、氯化铵等），待病情稳定后，用中药制剂、鱼肝油、复合维生素 B 恢复产蛋量。

3. 产蛋下降综合征

产蛋下降综合征（EDS76）是由禽腺病毒引起的一种以产蛋下降为特征的传染病，主要表现为鸡群产蛋量急剧下降，软壳蛋、畸形蛋增加，褐色蛋蛋壳颜色变浅。

【病原】 产蛋下降综合征病毒属于禽腺病毒Ⅲ群，56℃可存活 3 小时，60℃经 30 分钟丧失致病性，70℃经 20 分钟完全灭活，室温条件下至少可存活 6 个月以上。

【流行病学】

（1）传播途径 主要是垂直传播，水平传播（主要是蛋壳表面和粪便中的病毒污染饲料、饮水等，经消化道感染）也不可忽视。

（2）易感动物 主要侵害 26～32 周龄产蛋鸡，35 周龄以上较少发病。产褐壳蛋母鸡最易感。

【症状】 精神、采食、饮水、粪便基本正常。蛋鸡突然出现群体性产蛋下降，可下降20%～30%，甚至达50%，有的开产期推迟。破损蛋占38%～40%，无壳蛋、薄壳蛋或畸形蛋、砂皮蛋、褪色蛋等异常蛋占15%。蛋的质量降低，蛋清稀薄透明如水，蛋黄色浅。受精率和孵化率一般没有显著影响。最突出的症状是褪色的薄壳蛋多出现在产蛋开始减少前24～48小时，2天后产蛋量急骤下降。病程一般持续4～10周，产蛋量多数情况下不易恢复到正常水平。

【病变】 卵巢萎缩或充血；卵泡充血、变性，发育不良。输卵管萎缩，黏膜炎症，输卵管腺体水肿，单核细胞浸润，黏膜上皮细胞变性坏死，病变细胞中可见到核内包涵体。卵泡软化，子宫和输卵管黏膜水肿、色苍白、肥厚，输卵管腔内滞留干酪样物质或白色渗出物。

【防治】

（1）预防

① 严格引种。从非疫区鸡群引种，引进种鸡要严格隔离饲养。产蛋后经血凝抑制试验监测，确认HI抗体阴性者，才能留做种鸡用。严格执行兽医卫生措施，加强鸡场和孵化厅消毒工作，在日粮配合中，必须注意氨基酸、维生素的平衡。

② 加强消毒。运鸡的车辆、采血用的注射器要严格消毒。

③ 免疫接种。EDS-76油乳剂灭活苗或新支减三联苗于鸡群开产前2～4周注射，注射量为0.5～1毫升/只。

（2）治疗

［治疗原则］ 抗病毒，防止继发感染，修复卵巢和输卵管，提升产蛋量。

方案1：黄连50克、黄芩50克、黄檗50克、黄药子50克、白芍30克、大青叶50克、板蓝根50克、党参50克、黄芪30克、甘草50克，粉碎按1%混饲，连用5天。在发病初期应用为宜。

方案2：党参20克、黄芪20克、熟地10克、女贞子20克、益母草10克、阳起石20克、仙灵脾20克、补骨脂10克，按1.5%混饲，连用5天。在该病后期气血双亏时应用。

方案3：黄连50克、神曲100克、黄芪150克、陈皮100克、女贞子200克，按0.5%～0.8%混饲，连用3～5天。

方案4：激蛋散或加味激蛋散，按1%比例混饲，连用7～14天。为防止继发感染和输卵管炎症，可用阿莫西林、环丙沙星等混饮，并配合鱼肝油混饮，以改善蛋壳质量。

4. 传染性法氏囊病

鸡传染性法氏囊病（IBD）是由传染性法氏囊病病毒引起雏鸡的一种急性、高度接触性的传染病。该病以法氏囊发炎、坏死、萎缩和法氏囊内淋巴细胞严重受损为特征，从而引起鸡的免疫机能障碍，干扰各种疫苗的免疫效果。

【病原】 传染性法氏囊病病毒（IBDV）为血清Ⅰ型，以法氏囊和脾脏含毒量最高，其次是肾脏。IBDV有2个血清型，两者抗原相关性小于10%，因此，相互交叉保护作用较低。血清Ⅰ型病毒为鸡源毒株，只对鸡有致病性，火鸡为亚临床感染。血清Ⅰ型又分为6个亚型，亚型之间的抗原相关性为10%~70%，有明显差异，这是导致临床上免疫失败的重要原因之一。

【流行病学】

（1）传播途径　可通过消化道、呼吸道、眼结膜等传播。

（2）易感动物　2~15周龄的鸡较易感，以3~6周龄鸡最易感，但也有85日龄蛋鸡发病的报道。3周龄以下的鸡感染后一般无明显症状，但免疫抑制比较严重。3~10周龄鸡感染后出现症状，免疫抑制较严重。10周龄以上的鸡感染后无症状，且免疫抑制较轻。有母源抗体的雏鸡，在2~4周龄内有一定的抵抗力。

（3）流行特点　一年四季都可发生，呈地方流行性，常突然发病，病程短，呈尖峰式死亡曲线，5~7天时死亡达到最高峰。免疫抑制现象普遍存在，新城疫、大肠杆菌继发感染严重。

【提示】

病例不典型且混合感染或者法氏囊综合征增多；传染性法氏囊病毒毒力增强，死亡率比过去增加，由不到10%增加至10%~50%，高者可达60%以上；发病日龄拓宽，呈小龄化的特征；新鸡场发病多，死亡率高。

【症状】 精神沉郁，倦怠，闭眼打盹，羽毛松乱，翅下垂、震颤，共济失调，采食减少或不食。腹泻，拉白色水样稀粪或蛋清样稀粪，内含有细石灰渣样物，干涸后呈石灰样，严重脱水，肛门被粪便污染。早期症状表现为雏鸡啄肛门周围的羽毛，脱水，两腿干枯，皮下干燥。

【病变】 胸肌、腿肌有条状或片状出血斑。法氏囊肿大，浆膜呈胶冻样，出血，黏膜皱褶上有出血点或出血斑，严重出血时呈“紫葡萄”样，囊内有大量渗出物或干酪样物；第5天法氏囊恢复到原来大小，以后迅速萎缩；第8天后为正常大小的1/3。肾脏肿大，肾小管和输尿管内有白色尿酸盐沉积。肌胃和腺胃的交界处有出血点或出血带。脾脏轻度肿大，表面有散在的坏死点。

【防治】

（1）预防

① 加强饲养管理。保持鸡舍良好的温湿度，适宜的饲养密度，给予合理的光照强度和时间；加强鸡舍通风换气，做好夏季防潮和冬季保暖工作。尽可能给鸡创造经济且相对舒适的生产环境，从而提高鸡体的抗病能力，减少疫病的发生。注意饲料和饮水卫生，定期检查饲料卫生质量，将饲料中蛋白质水平下降2个百分点。

② 减少应激。育雏期间应尽可能地消除应激因素，避免不必要的惊扰，减少抓鸡次数，转群、断喙、接种疫苗前可以投放抗应激药物，增强机体免疫力，缓解应激。

③ 免疫接种。建议免疫程序：10～14日龄、24～28日龄分别用传染性法氏囊活疫苗（MB株、G606株、B38株）点眼或饮水免疫，对于种鸡在18～20周龄和40～42周龄各接种1次传染性法氏囊油佐剂灭活苗。

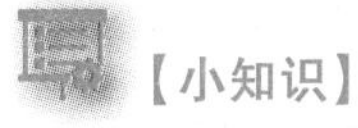

【小知识】

MB株活疫苗毒力最强，G606株次之，B38株毒力最弱；突破母源抗体能力强弱依次为MB株、G606株、B38株，其中B38株活疫苗产生的抗体滴度最高，MB株次之，G606株最低；MB株活疫苗可降低新城疫疫苗抗体滴度。

（2）治疗

［治疗原则］ 抗病毒，防止继发感染，提高免疫力。

方案1：高免卵黄加头孢噻呋混合后，肌内注射，1～2毫升/只，7天后补免1次传染性法氏囊病疫苗。

方案2：非典型法氏囊病可用传染性法氏囊多价苗紧急接种，配合

黄芪多糖或抗病毒中药加抗生素混饮或混饲，连用3～5天。

方案3：黄芪300克，黄连、生地、大青叶、白头翁、白术各150克，甘草80克，供500只鸡，1剂/天，每剂煎水2次，取汁加5%白糖自由饮用，连服2～3剂。

方案4：扶正解毒散、黄连解毒散、黄芪多糖等混饮或混饲，1～2克/只，连用5～7天。

方案5：为防止继发感染，可用阿莫西林、氟苯尼考等混饮；促进肾脏尿酸盐排出，可使用肾肿解毒药、乌洛托品、五苓散等。

5. 马立克氏病

鸡马立克氏病（MD）是由马立克氏病毒引起的一种肿瘤性疾病。该病毒的特点是侵害鸡体淋巴细胞，使其转化为肿瘤，在鸡的内脏器官、神经干、皮肤、肌肉及眼形成肿瘤的疾病。

【病原】 马立克氏病毒属于疱疹病毒，共有3个血清型。血清Ⅰ型，对鸡致病致瘤，主要毒株有超强毒（MD5等）、强毒（JW、GA、京1等）；血清Ⅱ型，对鸡无致病性，主要毒株有SB1和301B/1等；血清Ⅲ型，对鸡无致病性，但可使鸡有良好的抵抗力，是一株火鸡疱疹病毒株（HVT-FC126株）。

【流行病学】

（1）传播途径 主要通过空气传播，经呼吸道进入体内，污染的饲料、饮水和人员也可带毒传播。

（2）易感动物 不同品种、年龄和性别的鸡均可感染，主要侵害2～5月龄的鸡。50～70日龄鸡较多见，产蛋鸡180～200日龄仍有发生。发病及死亡高峰出现在开产前120～150日龄。

（3）流行特点 一年四季均可发生。发病率一般为5%～60%，死亡率为5%～80%。潜伏期常为3～4周，通常在50日龄以后出现症状，70日龄后可出现死亡情况，90日龄以后达到发病高峰。成鸡感染后，可带毒而不发病。

【症状】

（1）内脏型 精神委顿，食欲减退，羽毛松乱，鸡冠苍白、皱缩，有的鸡冠呈黑紫色，黄白色或黄绿色下痢，迅速消瘦，胸骨似刀锋，触诊腹部能摸到硬块。病鸡脱水、昏迷，最后死亡。

（2）神经型 以坐骨神经和臂神经最易受侵害，发生不完全麻痹或完全麻痹。坐骨神经受侵害使鸡两腿形成“劈叉”姿势，为典型症状。

臂神经受损时，翅膀下垂；支配颈部肌肉的神经受损时，病鸡低头或斜颈；迷走神经受损，鸡嗉囊麻痹或膨大，食物不能下行。

（3）皮肤型 毛囊肿大或皮肤出现结节。

（4）眼型 一眼或双眼视力丧失，虹膜褪成灰色，瞳孔边缘不整齐，严重时整个瞳孔只留下针头大的孔。

【病变】

（1）神经型 外周神经（以腹腔神经丛、臂神经丛、坐骨神经丛和内脏大神经最常见）肿胀变粗，失去光泽，色变浅，横纹消失，神经粗细不均匀、呈结节状，有时可见散在出血点。病变的神经多数是一侧性的。

（2）内脏型 卵巢、睾丸、肝脏、脾脏、肾脏等器官肿大，比正常增大数倍，大小不一的灰白色肿瘤结节稍突出脏器表面，切面平整呈油脂状。腺胃肿大2~3倍，浆膜下有灰白色斑块，腺胃壁增厚，腺胃乳头变大，顶部溃烂。胰脏发生肿瘤时，一般表现为发硬、发白，比正常稍大。有时可见胸部或腿部肌肉发生肿瘤，呈浅灰色。法氏囊萎缩而不形成肿瘤。

【防治】

（1）预防

① 加强卫生消毒。重点是孵化与育雏鸡舍的消毒，防止雏鸡的早期感染。实行全进全出的饲养制度，建立完善的生物安全防控体系。

② 免疫接种。在雏鸡出壳后24小时内颈部皮下注射马立克氏病疫苗，疫苗稀释后1小时内用完，接种后雏鸡可产生免疫力。

目前市场上常见的有两种马立克氏病疫苗，一种是冻干疫苗，即火鸡疱疹病毒（Ⅲ型）马立克氏病疫苗；另一种是液氮冻干苗，有火鸡疱疹病毒Ⅲ型冻干苗、马立克氏病Ⅰ型CVI988/Rispens冻干苗（原苗）和Ⅰ型加Ⅲ型冻干苗。这些疫苗都必须使用与疫苗配套的专用稀释液，疫苗稀释和注射的全过程必须严格按照疫苗使用说明书的要求进行。

（2）治疗

［治疗原则］ 抗病毒，防止继发感染，提高免疫力。

方案1：严重的病鸡淘汰，无害化处理。

方案2：可试用干扰素2倍量混饮，1次/天，连用3天。

方案3：用黄芪多糖、转移因子混饮或扶正解毒散混饲提升免疫力，用环丙沙星、氟苯尼考等抗生素防止继发感染。

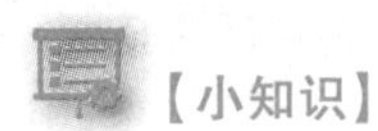
【小知识】

马立克氏病属于肿瘤性疾病，无特效治疗方法，重在预防。

6. 传染性支气管炎

鸡传染性支气管炎（IB）是由病毒引起的鸡的一种急性、高度接触性呼吸道疾病。该病特征是咳嗽、打喷嚏和气管啰音，肾脏肿大，有尿酸盐沉积；产蛋鸡产蛋量减少和蛋品质量下降。

【病原】 传染性支气管炎病毒（IBV）属于冠状病毒，耐低温，主要存在于病鸡的呼吸道渗出物中，肝脏、脾脏、肾脏、血液中也能发现病毒。IBV 有几十种血清型，其原因在于病毒组成易发生基因变异和重组。我国流行的病毒主要为 Mass 株、4/91 株、QXIBV 株。

【流行病学】

（1）传播途径 主要经呼吸道感染，通过空气传染，也可通过污染的种蛋、饲料、饮水、用具等传染。

（2）易感动物 主要感染鸡，各种年龄的鸡均易感，以雏鸡发病最多。发病率为 70%～100%，死亡率可达 10%～40%。

（3）流行特点 一年四季均可发生，多发生于冬春季节。该病传播迅速，几乎在同一时间内有接触史的易感鸡都发病。鸡群拥挤、空气污浊、地面潮湿、温度忽高忽低、饲料中缺乏维生素和矿物质易诱发该病。

【小知识】

临床上分离到的主要流行毒株仍属于以 QX 株和 YN 株为代表的一大类毒株，但这一类毒株也在呈现不断进化的趋势，M41 血清型（H120、H52 等）相关疫苗的保护力明显不足。

【症状】

（1）呼吸型 呼吸症状明显，突然出现呼吸症状并很快波及全群，病鸡气喘、咳嗽、打喷嚏、气管啰音和流鼻涕，尤以安静或夜间听得更清楚。精神沉郁、畏寒、食欲减少、羽毛松乱、打堆。

（2）生殖道型 成年鸡出现轻微呼吸道症状，产蛋量下降，并产软壳蛋、畸形蛋或粗壳蛋，蛋白稀薄如水样，蛋黄与蛋白分离以及蛋白粘壳等。雏鸡感染后，其输卵管可能造成永久性损害，丧失产蛋能力，成为假母鸡。

（3）腺胃型　精神沉郁，羽毛逆立，消瘦，生长缓慢，鸡群大小差异很大。

（4）肾型　代表毒株有 T 株、Gray 株、Holte 株等。呼吸道症状轻微或不出现，如伸颈、张口呼吸、咳嗽、打喷嚏、流鼻液等，并可听到特殊的呼吸音（如咕噜声、嘶哑声），尤以夜间最为明显。排白色水样便，迅速消瘦，饮水增加。发病率高，病死率常随感染日龄、病毒毒力大小和饲养管理条件不同而不同。

【病变】

（1）呼吸型　鼻腔、鼻窦、气管内黏液量增加，呈半透明黏稠样或干酪样。气囊混浊或含有干酪样浸出物，或见局灶性肺炎。

（2）肾型　脱水，气管黏膜苍白、增厚，有大量浆液性渗出物，有时可见干酪状堵塞物，肾脏苍白，明显肿大，呈花斑状；肾小管和输尿管内有大量尿酸盐沉积，扩张而变粗。有的心脏表面也有尿酸盐，似一层白霜，直肠末端膨大部充满大量的石灰样白色稀粪。

（3）腺胃型　腺胃明显肿大，腺胃壁增厚，腺胃乳头肿胀、破溃，破溃的腺胃乳头凹陷、出血。

（4）生殖型　卵泡充血、出血，或见卵巢退化变性，输卵管萎缩、变短、变细，管壁较薄或积水，或发生囊肿。

【防治】

（1）预防

① 严格执行隔离检疫。鸡舍要注意通风换气，防止过挤，注意保温，加强饲养管理。补充维生素和矿物质饲料，增强抗病力。

② 免疫接种。传染性支气管炎弱毒苗有 H120 和 H52 两种，前者毒力弱，对 14 日龄的雏鸡安全，主要用于雏鸡的首次免疫，后者毒力较强，多用于 8～10 周龄鸡的重复免疫。建议免疫程序：7 日龄及 30 日龄用 H120 点眼、滴鼻或饮水；8 周龄时用 H52 免疫；产蛋前注射鸡传染性支气管炎灭活油苗即可。

（2）治疗

[治疗原则]　抗病毒，对症治疗，防止继发感染，增加抵抗力。

方案 1：石膏 60 克、瓜蒌 50 克、苏子 50 克、桑白皮 35 克、贝母 60 克、栀子 55 克、桔梗 65 克、杏仁 45 克、紫菀 55 克、百部 45 克、牛蒡子 55 克、黄芩 40 克、天花粉 45 克、知母 60 克、甘草 45 克，按 1% 混饲，连用3～5天。

方案2：麻黄50克、苦杏仁90克、石膏180克、甘草60克、黄芩60克、板蓝根100克、北豆根60克，按1%混饲，连用3天。

方案3：每150千克饲料添加100克金荞麦散和100克酒石酸泰乐菌素，连用5天。

方案4：家禽基因工程干扰素加丁胺卡那霉素（硫酸阿米卡星）注射液100毫升/500只，加2毫克地塞米松注射液30毫升/500只，混合肌内注射，1次/天，连用2～3天。

方案5：（肾型）肾肿解毒药或复方碳酸氢钠混饮；板蓝根、连翘、黄芩、金银花、陈皮、甘草各等份，粉碎，按0.3%混饲，连3～5天；100克食盐、200克柠檬酸钾加水90千克饮服；0.15%～0.2%碳酸氢钠混饮1～2天。降低饲料中蛋白水平，补充多维、葡萄糖及电解质。

7. 传染性喉气管炎

传染性喉气管炎（ILT）是由传染性喉气管炎病毒（ILTV）引起的鸡的一种急性接触性呼吸道疾病，主要以呼吸困难、结膜炎、喉部和气管黏膜肿胀、糜烂、坏死和出血为特征。

【病原】 传染性喉气管炎病毒，属于疱疹病毒，存在于病鸡喉头和气管的渗出物里。

【流行病学】

（1）传播途径 主要通过呼吸道和眼，一般不会经过消化道感染。

（2）易感动物 各种日龄和品种的鸡都可感染此病，主要发生于2月龄以上的鸡，以5～8月龄最易感。

（3）流行特点 一年四季均可发生，但多流行于晚秋、冬季和早春季节。发病突然，且在鸡群内传播快、发病急，发病率达60%～95%，死亡率达10%～30%。

【症状】 初期打喷嚏，气管啰音，鼻腔流半透明状黏液，流泪，伴有结膜炎。产蛋量下降10%～50%。呼吸困难，呼吸时头和颈部向前向上，张口尽力吸气。呼吸时伴有啰音及喘鸣声，咳出的分泌物常混有血凝块及脱落的上皮组织。有的病鸡因气管内渗出物不能咳出而窒息死亡，死亡鸡头部呈暗紫色或青紫色。

【病变】 气管黏膜充血、肿胀，有黏液，严重者在喉头和气管内有血性渗出物，渗出物呈凝血状堵塞喉头和气管，部分在喉气管内有纤维素性干酪样物质堵塞喉腔形成栓塞（彩图10）。气管上部有血条、气管环有出血（彩图11）。严重病鸡波及支气管和肺，肺淤血，眶下窦有大量分泌物。

卵泡充血、肿胀、变形。肌胃内少量黄绿色食物，腺胃乳头有出血。个别鸡只气囊浑浊增厚，支气管内有少量干酪样物质，肾脏肿胀。

【防治】

（1）预防

① 加强饲养管理。鸡舍平时应保持环境卫生，注意通风，建立一个良好的饲养环境。

② 免疫接种。建议免疫程序：28日龄首免，间隔6周进行二免，使用传染性喉气管炎弱毒苗点眼。该病非疫区不建议免疫接种传染性喉气管炎疫苗。ILT活疫苗主要应用于流行区的5周龄以上鸡的免疫和预防，非疫区及5周龄以下鸡群应谨慎使用，并要做好鸡场的隔离和安全防护，最好先进行小范围试验，观察无严重反应后再扩大使用。

【提示】

有的鸡群从免疫后的第4天、第5天开始会出现轻微的眼炎，要注意及时处理。在保证免疫效果的前提下，通过降低疫苗的免疫剂量，可以减少副作用和炎症程度。

（2）治疗

［治疗原则］ 抗病毒，对症治疗，防止继发感染，增加机体抵抗力。

方案1：传染性喉气管炎疫苗紧急接种，1～2羽份/只，3天后用抗病毒中药，配合抗生素防止继发感染，如强力霉素、泰乐菌素、环丙沙星、氟苯尼考等。

方案2：强力霉素、红霉素或替米考星等混饮或混饲，干扰素混饮，连用4～5天。

方案3：对于呼吸极度困难者，每10只鸡用卡那霉素、地塞米松各1支，用10毫升生理盐水稀释后给患鸡喷喉。

方案4：清瘟败毒散、麻杏石甘散混饲，环丙沙星或强力霉素等混饮，连用3～5天；口服转移因子口服液，每只鸡每天1毫升，连用3天。

方案5：喉头有堵塞物者用小镊子去除堵塞物，双黄连口服液混饮，对饮水困难鸡只口腔滴注双黄连口服液0.2毫升/只，喉炎净散煎水集中饲喂（药渣混饲），晚上用多维混饮，补充营养，连用3~5天。

方案6：中成药六神丸，成鸡每天喂服2次，每次1粒；幼鸡用量酌减。用法是将药丸放在温开水中化开，按剂量用滴管滴入鸡口内。

方案7：黄芪多糖口服液、板青颗粒、盐酸多西环素或泰乐菌素混饮，连用5~7天。

8. 禽传染性脑脊髓炎

禽传染性脑脊髓炎（AE）是由禽脑脊髓炎病毒（AEV）引起的一种主要侵害幼龄鸡的病毒性传染病，以共济失调、头颈部快速震颤、衰竭死亡、产蛋下降为主要特征。

【病原】 禽传染性脑脊髓炎病毒。

【流行病学】

（1）传播途径 以垂直传播为主，感染后的产蛋母鸡，大多数在3周内所产的蛋含有病毒；也可通过粪便污染饲料、饮水、用具、人员等水平传播。

（2）易感动物 不同品种、年龄和性别的鸡均可感染，以1~3周龄的雏鸡最易感，通常自出壳后1~7日龄和11~20日龄出现两个发病和死亡的高峰期，前者为病毒垂直传播所致，后者为水平传播所致。

（3）流行特点 一年四季均可发生，有些地区多发于冬春季节，且发病具有周期性，发病率和死亡率随鸡群的易感性、病原毒力高低有所不同。雏鸡发病率一般为40%~60%，死亡率为10%~20%，最高可达50%。发病日龄有增加的趋势，成年鸡发病逐渐上升。

【症状】

（1）雏鸡 精神沉郁，不愿走动，常以跗关节着地，继而共济失调，头颈扭曲，倒向一侧，走路蹒跚，步态不稳，驱赶时勉强用跗关节走路并拍动翅膀。发病3~5天后出现麻痹而倒地侧卧，阵发性头颈部震颤，人工刺激如给水加料、驱赶、倒提时可激发。趾关节卷曲、运动障碍、羽毛不整和发育受阻，平均体重明显低于正常水平。一侧或两侧眼球的晶状体混浊或浅蓝色褪色，眼球增大及失明。

（2）成年鸡 无明显症状，精神、饮水、采食、粪便及蛋的形状、颜色、内容物等均无异常。蛋重变小，一过性产蛋量下降，下降幅度为15%~35%，1~2周后逐渐恢复正常。所产蛋蛋色、大小形状、蛋壳均无异常，采食、饮水、粪便未见异常。种蛋受精率和孵化率下降10%~35%。

【病变】 脑组织水肿，软脑膜下有水样透明感；脑膜有出血点或出血斑。跗关节红肿，腿部皮下有胶冻样渗出液。腺胃、肌胃的肌肉层及胰脏中有许多由浸润的淋巴细胞团块所形式的白色小病灶。

【防治】

（1）预防

① 不要从疫区引进鸡苗，种鸡在患病1个月内所产的种蛋不能用于孵化。

② 免疫接种。免疫接种疫苗分为活疫苗和油乳剂灭活苗两种，其中活疫苗又分为脑脊髓炎单苗和鸡痘-脑脊髓炎二联疫苗。蛋种鸡免疫接种：75~90日龄接种传染性脑脊髓炎单苗或鸡痘-脑脊髓炎二联活疫苗，1倍量，喷口或刺种。严重流行地区再于100~130日龄肌内注射油乳剂灭活苗0.5毫升/只。商品蛋鸡免疫接种：70~90日龄接种传染性脑脊髓炎单苗或鸡痘-脑脊髓炎二联活疫苗，1倍量，喷口或刺种；或开产前4~5周用1~2倍量禽脑脊髓炎疫苗滴口或混饮进行免疫预防。

【提示】

传染性脑脊髓炎可通过种蛋垂直传播，因此，雏鸡一定要从非疫区购买。

（2）治疗

［治疗原则］ 抗病毒，防止继发感染，恢复产蛋率。

方案1：凡出现症状的雏鸡应立即淘汰，做无害化处理。

方案2：黄芪多糖、转移因子混饮或扶正解毒散混饲提升免疫力，用环丙沙星、氟苯尼考等抗生素防止继发感染。

方案3：板蓝根冲剂（15克/袋），每100只雏鸡1袋，2次/天，连用7天。

方案4：产蛋鸡发病后一般2~4周产蛋性能会逐渐自行恢复，但添加维生素E、维生素B_1和鱼肝油等可增强机体抵抗力，促使产蛋率回升。

9. 鸡痘

鸡痘是由鸡痘病毒引起的以在无毛或少毛的皮肤上有痘疹，或在口腔、咽喉部黏膜上形成白色结节为特征的一种急性、热性、高度接触性传染病。

【病原】 鸡痘病毒存在于病鸡的皮肤和黏膜病灶中，对外界自然因素抵抗力相当强，在干燥痂皮中能存活数月或数年。

【流行病学】

（1）传播途径 接触性传播，一般经损伤的皮肤和黏膜感染。蚊子和皮肤寄生虫也可传播该病。

（2）易感动物 不同年龄、性别和品种都可感染，但幼鸡病情更严重，病死率高；成年鸡较少患病，但在换羽和产蛋盛期以及营养状况不良、卫生条件差，并发传染病、寄生虫病时，也可有较多的成年鸡发病和死亡。

（3）流行特点 一年四季均可发生，以春、秋两季和蚊子活跃季节最易流行。皮肤型夏季多发，白喉型秋季多发。拥挤、通风不良、阴暗、潮湿、体外寄生虫、啄癖或外伤、饲养管理不良、维生素缺乏等情况，可促使该病发生。

【症状】

（1）皮肤型 在鸡冠、肉髯、眼睑和鸡体无毛或毛稀少的部位发生结节状病灶，开始为灰白色的小结节，以后形成绿豆至黄豆大小的痘疹，呈灰黄色或褐色，凹凸不平，呈干硬结节，严重病鸡邻近的痘疹互相融合，形成干燥、粗糙、棕褐色的大的疣状结节，突出皮肤表面。病程可达2周以上。幼雏表现精神萎靡、食欲消失、体重减轻、生长缓慢等症状。产蛋鸡则产蛋显著减少，死亡率可达5%~10%。

（2）黏膜型 在口腔、咽喉处出现溃疡或黄白色假膜，又称白喉型。假膜剥离后可见出血、溃疡。气管前部可见隆起的灰白色痘疹，散在或融合在一起，气管局部见有干酪样渗出物。由于呼吸道被阻塞，病鸡常因窒息而死，死亡率为20%~40%。

（3）混合型 皮肤和黏膜均被侵害，病情较为严重，病死率也较高。病禽的一般症状常见增重受阻、精神委顿、食欲减退、衰弱，蛋鸡发病时表现暂时性产蛋下降。病程一般为3~4周，混合感染时则病程较长。

【病变】

（1）皮肤型 表皮和其下层的毛囊上皮增生，形成结节。

（2）白喉型 口腔、鼻、咽、喉、眼或气管黏膜出现溃疡，表面覆盖纤维素性、坏死性假膜，炎症蔓延，可引起眶下窦肿胀和食管发炎。

【防治】

（1）预防

① 加强卫生管理。及时清理粪便，保持良好卫生环境，及时采用杀虫药物扑灭和驱赶蚊、蠓等吸血昆虫，避免饲养密度过大和啄癖及外伤。

② 免疫接种。建议免疫程序：30 日龄用鹌鹑化鸡痘弱毒疫苗 1.5 倍量首免，90 日龄用鹌鹑化鸡痘弱毒疫苗 2 倍量二免；在鸡痘流行季节，1 日龄用鸡痘弱毒疫苗 1.5 倍量首免，30 日龄用鹌鹑化鸡痘弱毒疫苗 2.0 倍量二免。

（2）治疗

［治疗原则］ 抗病毒，局部处理，对症治疗，防止继发感染，增加鸡体抵抗力。

方案 1：眼部肿胀的病鸡先挤出肿胀处的脓汁或干酪样物质，然后用 2% 的硼酸液冲洗，冲洗后眼部滴入氯霉素等眼药水。

方案 2：对口腔及咽喉的病灶可先剥掉假膜，然后用 0.1% 高锰酸钾液冲洗，冲洗后涂碘甘油。

方案 3：龙胆草 90 克、板蓝根 60 克、升麻 50 克、金银花 40 克、野菊花 40 克、连翘 30 克、甘草 30 克，粉碎，按每只鸡每天 1.5 克拌料，连用 5 天。

方案 4：对假定健康的鸡群，用鸡痘鹌鹑化弱毒疫苗 2～4 倍量紧急接种。

方案 5：为防止继发感染，可在饮水中添加阿莫西林、氨苄青霉素（氨苄西林）、环丙沙星、氟苯尼考等；在饲料中添加维生素 A、鱼肝油可以促使黏膜修复。

方案 6：鸡新城疫 I 系苗 1 倍量，肌内注射，3～5 天恢复正常。

10. 禽白血病

禽白血病（AL）是由禽白血病病毒和禽肉瘤病病毒群中的病毒引起的禽类多种肿瘤性疾病的统称，以在成年鸡中产生淋巴样肿瘤和产蛋量下降为主要特征，又称大肝病。

【病原】 白血病病毒（ALV-J、A、B 群）。ALV 可分为 A、B、C、D、E、F、G、H、I 和 J 10 个亚群，但自然感染鸡群的只有 A、B、C、D、E 和 J 6 个亚群。其中 J 亚群致病性和传染性最强，而 E 亚群是非致病性的或者致病性很弱。

【流行病学】

（1）传播途径　主要经垂直传播，被病毒污染的弱毒疫苗也是重要的传播途径。

（2）易感动物　自然情况下只感染鸡，不同品种或品系的鸡对病毒感染和肿瘤发生的抵抗力差异很大。母鸡的易感性比公鸡高，多发生在14周龄以上，呈慢性经过。

（3）流行特点　大多发生在秋冬、春季，饲养管理不良，有寄生虫感染时能诱发该病的发生。发病率为5%~20%，多为散发。

【提示】

ALV在我国各地鸡场感染相当普遍，且存在与马立克氏病、网状内皮组织增殖症的混合感染，病鸡主要表现髓细胞瘤和血管瘤。

【症状】

（1）内脏型　渐进性消瘦，精神不振，喜卧，采食量下降，营养不良，贫血；部分鸡爪内翻，冠苍白、皱缩，羽毛暗涩；胸肌和腿部肌肉单薄，用手触摸病鸡的胸部可感觉到龙骨凸出；自然站立时腹部似有下坠，腹围增大，触摸腹腔内有硬物样感。

（2）血管瘤型　冠白、萎缩，头、背、胸、腿部及翅膀可见1.2~2.5厘米的血疱，褐紫色，质地柔软有一定的弹性，与周围皮肤界限清楚，血疱破裂后流血不止，血疱周边的羽毛被大片血迹污染。

【病变】　肝脏、脾脏、腺胃、肾脏、胰腺、肺脏等器官明显肿胀，被膜下和实质中可见大小不一的灰白色肿瘤结节，结节切面质地柔软，鱼肉状，可见出血。有时是弥散型，如肝脏肿大，占据腹腔长度的2/3左右。卵巢明显肿胀，肿瘤结节多见。少数病鸡内脏或皮下可见暗红色肿瘤结节。腔上囊萎缩消失，未见肿瘤结节；坐骨神经未见明显肉眼病变。

【防治】

（1）预防

① 加强饲养管理。提供全面营养，饲料保存合理，防止霉败变质。提高饲料中粗蛋白的含量，减少应激。实行公母分群和全进全出的饲养管理制度，种蛋及雏鸡必须来自无禽白血病的鸡场。

② 要对孵化厅和运输箱严格消毒，同一孵化厅只用于同一个种鸡场

来源的种蛋，以预防孵化厅内可能的早期横向传播。

③ 弱毒疫苗污染是蛋鸡中传播 ALV 最可能的因素之一，尤其是马立克疫苗污染 ALV 问题。

（2）治疗　参考马立克氏病。

11. 鸡包涵体肝炎

鸡包涵体肝炎是由禽腺病毒引起的鸡的一种急性传染病，以病鸡死亡突然增多，严重贫血、黄疸，肝脏肿大、出血和坏死灶，肝细胞核内有包涵体为特征。

【病原】　禽腺病毒Ⅰ群。Ⅰ亚群中有 A、B、C、D、E 5 个种，12 个血清型。不同血清型的致病性有较大差异。

【流行病学】

（1）传播途径　主要经呼吸道、消化道及眼结膜感染，也可通过种蛋垂直传播，也可由不合格的活毒疫苗免疫传播。

（2）易感动物　产蛋鸡发病较少，若发病多见于 17 周龄的鸡。

（3）流行特点　水平传播发病的日龄往往于 3～12 周显现出明显症状。目前该病混合感染较多，如与传染性法氏囊病、马立克氏病、传染性贫血、白血病、支原体病等混合感染，可加重该病的流行与死亡率。

【症状】　有的鸡群产蛋前 110～120 日龄，鸡群未出现第二性征，如脸、鸡冠、肉髯未开始变红，且鸡群采食量和体重偏低，但精神、粪便、呼吸无变化，可怀疑此病。有的鸡群消瘦，冠小、苍白或黄染，发热、精神不振、食欲下降，羽毛逆立，下痢，黄疸，排灰白色或粉灰色水样稀便、甚至无力。该病一般可持续 3～5 天，如不及时治疗，蛋鸡产蛋期推迟或无产蛋高峰。

【病变】　血液稀薄、色浅；胸部及腿部肌肉黄染并有出血斑。肝脏萎缩、颜色变浅呈浅褐色或黄褐色，质地脆弱，表面有出血斑点，并有灰黄色坏死灶，有时肝脏淤血肿大，边缘有黄白色梗死灶。肾脏、脾脏肿大，胸腺萎缩，法氏囊萎缩、壁变薄、失去弹性。骨髓呈黄白色，有的呈灰白色胶冻状。偶见皮下、胸肌、腿肌、肠及其他脏器有明显出血。卵巢发育不良，输卵管细小。

【防治】

（1）预防　加强饲养管理，做好消毒，避免从有该病的孵化厂和鸡场引进种蛋和雏鸡，确保有病的鸡群全部淘汰。做好传染性法氏囊病和传染性贫血的免疫接种工作，确保雏鸡有足够的传染性法氏囊病母源抗体。避免传染性法氏囊病的早期感染，也有助于预防雏鸡包涵体肝炎的发生。

（2）治疗

［治疗原则］ 抗病毒，保肝，促免疫，促消化。

方案1：龙胆泻肝散按1%混饲或肝胆颗粒混饮，连用5~7天。

方案2：茵陈600克、大黄300克、栀子300克，煎汁取药液兑入200千克水中，自由饮用，连用5~7天。

方案3：氟苯尼考等加黄芪多糖混饮，配合保肝护肾的中药，连用5~7天。

方案4：饲料或饮水中添加多维素、维生素K_3和抗生素，控制并发症和继发感染，增强抵抗力。

【小经验】

该病疗程为7~10天，发现较晚的鸡群，疗程需要延长至15天，否则往往难以彻底治愈，产蛋性能不能恢复至原有水平。

二、常见细菌性传染病

1. 鸡大肠杆菌病

鸡大肠杆菌病是由大肠埃希氏菌引起的鸡的一种急性或慢性细菌性传染病，临床表现复杂，如败血症、卵黄性腹膜炎、输卵管炎、全眼球炎、肉芽肿等，以大肠杆菌败血症多见。

【病原】 大肠埃希氏菌，革兰阴性菌，血清型较多，各型之间缺乏交叉保护力。

【流行病学】

（1）传播途径 主要经呼吸道和消化道水平传播，也可经卵垂直传播。

（2）易感动物 不同日龄、性别、品种的鸡均可感染。不同类型发生的时期有所不同，如大肠杆菌败血症多发于3~6周，输卵管炎、卵黄性腹膜炎多发于产蛋鸡。雏鸡呈急性败血症经过，成年鸡则以亚急性或慢性感染为主。

（3）流行特点 一年四季均可发生，多雨、闷热、潮湿季节多发。若有其他病原体感染或应激因素更为严重，常与其他病（如新城疫、慢性呼吸道病等）并发。

【提示】

交叉耐药和多重耐药严重，且各地耐药性情况不一样；中药可消除大肠杆菌的耐药性，如白头翁散、三黄汤、双黄连、盐酸黄连素（盐酸小檗碱）等，单味药如黄芩、黄连、金银花、连翘、大黄、大青叶等。

【症状】

（1）脐炎 俗称“大肚脐”，多发于刚出壳的雏鸡。表现精神沉郁，减食或不食，腹部大，脐孔及周围皮肤发红、水肿，多在1周内死亡。

（2）败血型 精神沉郁，食欲下降，羽毛松乱，呼吸困难，下痢，排黄白色或黄绿色粪便。

（3）眼型 畏光、流泪、红眼，随后眼睑肿胀突起。翻开眼睑时，可见前房有黏液性、脓性或干酪样分泌物，最后角膜穿孔，失明。

（4）肠炎 腹泻，拉黄绿色或黄白色粪便，并带有血液。

（5）脑炎 昏睡，斜颈，歪头转圈，共济失调，抽搐，伸脖，张口呼吸，采食减少，腹泻，生长受阻。

（6）肿头综合征 眼周围、头部、颌下、肉髯及颈部上2/3水肿，打喷嚏并发出“咯咯”声。

（7）肉芽肿 消瘦贫血，减食，腹泻。

（8）关节炎及滑膜炎 跗关节肿大，跛行。

（9）卵黄性腹膜炎及输卵管炎 主要发生于产蛋鸡，减产或停产，腹部膨大下垂，呈直立企鹅姿势，有的较快死亡，有的拖延很久，瘦弱死亡。

（10）鸡胚和雏鸡早期死亡 主要通过垂直传染，鸡胚死亡发生在孵化过程中，特别是孵化后期。

【病变】

（1）脐炎及卵黄囊炎 脐孔周围皮肤水肿，皮下淤血、出血、水肿，水肿液呈浅黄色或黄红色，脐孔开张。卵黄吸收不良，卵囊充血、出血，囊内卵黄液黏稠或稀薄，多呈黄绿色。

（2）败血型 纤维素性肝周炎（包肝），肝脏肿大，表面覆有一层黄白色纤维素性膜。纤维素性心包炎（包心），心包增厚不透明，表面覆有黄白色纤维素性膜，心包积有浅黄色液体。纤维素性气囊炎，胸、腹腔等气囊囊壁增厚，呈灰黄色，囊腔内有数量不等的纤维素性渗出物

或干酪样物，如同蛋黄。

(3) 输卵管炎 输卵管黏膜充血，管腔内有不等量的干酪样物。严重时输卵管内积有较大的块状物，输卵管壁变薄，块状物呈黄白色，切面轮层状，较干燥。有的腹腔内有灰白色的软壳蛋。

(4) 卵黄性腹膜炎 卵泡破裂溢于腹腔，腹腔内布满蛋黄凝固的碎块，使肠系膜、各肠段互相粘连。

(5) 关节炎 关节肿大，内含有纤维素或混浊的关节液。

(6) 脑膜炎 脑膜充血、出血、脑脊髓液增加。

(7) 肿头综合征 眼部、下颌及颈部皮下黄色胶冻样渗出。

(8) 肠炎 肠黏膜脱落、出血和溃疡。

(9) 肉芽肿 肝脏、肠（十二指肠及盲肠）、肠系膜或心肌有菜花状增生物，针头大至核桃大不等。

【防治】

(1) 预防 加强饲养管理，降低饲养密度，控制好温湿度和通风，减少空气中细菌污染。禽舍和用具经常清洗消毒，加强种蛋收集、存放和整个孵化过程的卫生消毒管理。减少各种应激因素，避免诱发大肠杆菌病的发生与流行。根据本场实际情况，可以有针对性地选择中药、抗生素预防。

(2) 治疗 大肠杆菌耐药性严重，用药时最好选择当地不经常使用的药物，或联合用药，或配合中药使用，以消除耐药性。有条件时最好做药敏试验，避免盲目用药。治疗时最好中西兽医结合治疗，效果更好。

［治疗原则］ 抗菌消炎，对症治疗，提高抵抗力。

方案1：头孢类（头孢噻呋、头孢噻肟）、新霉素、氟苯尼考、庆大霉素、环丙沙星、硫酸黏菌素等，任选1种或2种。常用的组合有：林可霉素+大观霉素、阿莫西林+克拉维酸钾、庆大霉素+氟苯尼考、氟苯尼考+强力霉素、强力霉素+泰乐菌素等。严重者，可用头孢类等，肌内注射。

方案2：白头翁散或黄连解毒散、清瘟败毒散、葛根芩连散等按1%~2%混饲，连用5~7天。

方案3：白头翁30克、黄连15克、黄檗20克、秦皮20克、木香15克、石榴皮15克、黄芪20克、葛根20克、车前子15克，按1%~2%混饲，连用5~7天。

2. 葡萄球菌病

鸡葡萄球菌病是由葡萄球菌引起的一种急性传染病，临床表现有败血症、脐炎、关节炎、趾瘤等。

【病原】 金黄色葡萄球菌，革兰阳性菌。自然界中广泛存在的条件性致病菌。

【流行病学】

（1）传播途径 主要经创伤感染，也可通过空气或直接接触传播。

（2）易感动物 40 ~ 60 日龄鸡最易感，白壳蛋鸡易发。

（3）流行特点 一年四季均可发生，多雨、闷热、潮湿季节多发。地面与网上平养、笼养的鸡均有发生，但以笼养多发。

【症状】

（1）败血型 多发生于中雏，精神沉郁，呆立，两翅下垂，缩颈，嗜睡，食欲减退或废绝。胸腹部、大腿内侧皮下水肿，触之有波动感，皮肤颜色加深。羽毛脱落，或用手一摸即脱掉，严重者皮肤肿胀部位破溃，流出褐色或紫红色的液体，将周围羽毛污染。

（2）关节炎型 多发生于 4 ~ 12 周龄的鸡，关节肿胀，以趾和跖关节多见，呈紫红色或紫黑色，破溃后形成黑色的痂皮。有的出现趾瘤，脚底肿大，出现跛形，不能站立。

（3）脐炎型 腹部膨大，脐孔闭锁不全、肿大发炎、触摸发硬，脐孔及周围组织呈黄红色或紫黑色肿胀或形成坏死灶。

（4）眼炎型 头部肿大，上、下眼睑肿胀并有脓性分泌物黏附，眼结膜红肿，眼角多分泌物，甚至有血液、肉芽肿。病程长者眼球下陷，失明，眶下窦肿胀。

（5）肺型 多见于中雏，呼吸困难。

【病变】

（1）败血型 胸腹部皮下充血、溶血，呈弥漫性紫红色或黑红色，有大量胶冻样黄红色水肿液；肝脏肿大，有数量不等的坏死灶；脾脏肿大呈紫红色，有白色坏死点；心包积液，心冠脂肪及外膜出血。

（2）关节炎型 关节囊内有浆液性或脓性分泌物，后期为干酪样物质。关节周围结缔组织增生或结构畸形。

（3）脐炎型 脐部发紫，有暗红色液体，病程长时变为脓性干酪样物，卵黄吸收不良，呈土黄色、黄绿色或黑色，内容物稀薄、黏稠或呈豆腐渣样，有时可见卵黄破裂。肝脏肿大，有出血点，胆囊肿大。

(4) 眼炎型　眼炎、机体衰竭。少数可见鼻腔蓄脓、气囊炎及口腔有小溃疡等。

(5) 肺型　肺淤血、水肿和肺实质变化。

【防治】

(1) 预防　加强饲养管理，供给合理而全面的营养，以增强机体抵抗力；保持鸡舍通风干燥，鸡群饲养密度不宜过大，以防止拥挤；做好灭蚊驱鸡虱工作；经常检查鸡笼，破损处及时维修，减少鸡笼对鸡造成损伤的机会，有伤口及时消毒。

(2) 治疗

[治疗原则]　抗菌消炎，对症治疗，提高抵抗力。

方案1：头孢类、沙拉沙星、庆大霉素、氟苯尼考、磺胺二甲基嘧啶、红霉素等，全群任选1种或2种混饮或混饲，连用5天。严重者，可用头孢类、庆大霉素等，肌内注射，1次/天，连用3天，

方案2：对于趾瘤化脓后，及时切开排脓，除去坏死组织，然后用紫药水或碘酊涂抹，干燥后涂以红霉素软膏或其他抗生素软膏，1次/天，1周左右可痊愈。

3. 禽曲霉菌病

禽曲霉菌病是由曲霉菌引起鸡的一种真菌性疾病，主要特征是呼吸困难，肺脏和气囊上形成结节。

【病原】　主要为烟曲霉菌，此外，黑曲霉菌、黄曲霉菌等也有不同程度的致病性。

【流行病学】

(1) 传播途径　可穿透蛋壳进入蛋内，引起胚胎死亡或雏鸡感染，还可通过呼吸道吸入、肌内注射、静脉注射、眼睛接种、气雾、阉割伤口等感染。

(2) 易感动物　各种日龄的鸡都有易感性，以4～12日龄幼雏易感性最高，常呈急性暴发，发病率高，死亡率为10%～50%，成年鸡仅为散发，多为慢性。

(3) 流行特点　一年四季均可发生，多雨、闷热、潮湿季节多发。

【症状】　精神沉郁，食欲减少或废绝，羽毛松乱，呼吸困难，喘气，头颈伸直，张口呼吸，有时可见甩头，有啰音，冠、髯发绀。打喷嚏，鼻孔流出浆液性液体，垂头闭目呆立，渴欲增加。下痢，排灰白色或黄绿色粪便。神经症状，如歪头、麻痹、跛行，头向后弯曲。眼炎，

瞬膜下形成黄白色干酪样小球状物，眼睑凸出。成年鸡症状较缓和，进行性消瘦，粪便稀薄，出现神经症状；产蛋鸡表现精神委顿，卧伏，呆立，嗜睡，食欲减退，饮欲增加，冠和肉髯发绀，排料样粪便，产蛋率下降，蛋壳质量下降，变薄、变脆、褪色。

【病变】 肺脏表面有粟粒至绿豆大小不等，呈灰白色、黄白色或浅黄色结节。肺脏弹性消失，质地变硬。气囊壁、腹腔和内脏浆膜也有与肺脏相似的霉菌结节，切面有层状结构，中心为干酪样坏死组织，内含丝绒状菌丝体。气囊增厚，表面有白色霉菌性假膜和墨绿色曲霉菌落，形成钙化灶。肝、心、肾和脾脏也见到少量类似的结节。肌胃角质膜糜烂并形成溃疡灶，极易剥离；肠内容物呈黄白色稀便。

【防治】

（1）预防

① 加强饲养卫生管理，防止饲料和垫料发霉，使用清洁、干燥的垫料和无霉菌污染的饲料，避免鸡接触发霉堆放物，改善鸡舍通风，控制湿度，减少空气中霉菌孢子的含量。

② 防止种蛋被污染，及时收蛋，保持蛋库与蛋箱卫生，做好周围环境、鸡舍、用具等清洗消毒。

（2）治疗

［治疗原则］ 抗菌消炎，对症治疗，提高抵抗力。

方案1：立即停喂发霉的饲料，停止使用发霉的垫料。

方案2：制霉菌素混饲，5000 国际单位/只，或每千克饲料 50 万～150 万国际单位，2 次/天，连用 3～5 天。同时，用 0.05% 硫酸铜或碘化钾溶液 5～10 克/升混饮，连用 3～5 天。

方案3：克霉唑，1～2 毫克/只，混饲或混饮，2 次/天，连用 5 天。同时，用 0.05% 的硫酸铜混饮 3～5 天。

方案4：有眼炎的雏鸡可用生理盐水或 1%～2% 硼酸水溶液冲洗眼部，然后用氯霉素或四环素滴眼，或涂红霉素眼膏。

方案5：为防止继发感染，可以用环丙沙星、恩诺沙星、阿莫西林等混饮。此外，两性霉素 B、克霉唑等也有较好的疗效。全群用葡萄糖、黄芪多糖、电解多维等，以增强雏鸡营养，提高自身恢复能力。

4. 沙门菌病

沙门菌病是由沙门菌引起的一种人兽共患细菌性疾病，包括鸡白痢、鸡伤寒和禽副伤寒，是严重危害家禽业的重要疾病。

【病原】 沙门菌（鸡白痢、伤寒）及以外的其他沙门菌，革兰阴性菌，血清型众多，至目前有2500多种，并且各型之间缺乏交叉保护力。

【流行病学】

（1）传播途径 既可通过种蛋和受精感染，也可通过饲料、饮水等水平传播。

（2）易感动物 不同日龄和品种的鸡均可感染。鸡白痢雏鸡以1~3周龄易感，雏鸡5~6日龄开始发病，2~3周龄达到发病和死亡高峰，成年鸡呈隐性感染。副伤寒主要侵害2周龄内的雏鸡。禽伤寒主要侵害1~5月龄（尤以2~4月龄最易感）的青年鸡。

【症状】

（1）鸡白痢 雏鸡不愿走动，喜睡，姿态异常，两翅下垂，怕冷，紧靠热源聚堆，食欲减退，饮水增加。拉白色糨糊状粪便，肛门周围绒毛被粪便干结封住，致使排粪困难，频频尖叫，呼吸困难。有的出现关节炎、眼炎等。育成鸡精神、食欲差，下痢，常突然死亡。病程较长，可拖延20~30天，死亡率为10%~20%。成年鸡多呈慢性经过或隐性感染，一般无明显临床症状。有的出现产蛋量下降，产蛋高峰短，有的鸡冠萎缩、变小、发绀和下痢。

（2）鸡伤寒 潜伏期一般为2~4天，雏鸡的症状与鸡白痢相似很难区别。青年鸡和成年鸡主要表现食欲突然下降，精神委顿，翅膀下垂，鸡冠和肉髯苍白，发热，排浅黄色和绿色粪便。一般经1~5天死亡。

（3）副伤寒 经带菌卵感染或在孵化器内感染的雏鸡，常呈败血症经过，多在出壳后1周内发病死亡，症状与鸡白痢相似。年龄较大的雏鸡常呈亚急性经过，主要表现水样下痢，病程为1~4天。

【病变】

（1）鸡白痢 心包增厚，心脏上有灰白色坏死小点或结节。肝脏肿大，边缘钝圆，被膜紧张，并可见点状出血或灰白色针尖状的灶性坏死点。胆囊肿大，胆囊充满绿色胆汁。肺脏淤血，有出血及米粒大小灰白色结节。卵黄吸收不良，呈干酪样。十二指肠呈轻度潮红，盲肠中有干酪样物堵塞肠腔。脾脏肿大，有坏死灶。肾脏稍肿，输尿管及肾小管充满尿酸盐。肠道卡他性炎症，盲肠形成干酪样栓子。

（青年鸡）肝脏肿大，整个腹腔常被肝脏覆盖，质地极脆，一触即破，被膜上可见散在或较密集的红点或白点，腹腔充盈血水或血块，脾

脏肿大，心包扩张，心包膜呈黄色不透明。心肌可见数量不一的黄色坏死灶，严重的心脏变形、变圆。整个心脏几乎被坏死组织代替。肠道呈卡他性炎症，肌胃常见坏死。

（成年鸡）卵巢与卵泡变形、变色及变性，卵泡变形呈梨形、三角形或不规则形状，卵泡变色呈灰色、黄灰色、黄绿色、灰黑色等，卵泡或卵黄囊内的内容物变性，有的稀薄如水，有的呈米汤样，有的较黏稠呈油脂样或干酪状。有的病变卵泡从卵巢脱离，游离于腹腔，外包有结缔组织，数量和大小不等；有的卵泡破裂引起卵黄性腹膜炎，肠管和器官粘连。心包炎比较常见，心包增厚，心包液增多而浑浊，严重的心包膜与心外膜粘连。公鸡的睾丸肿大或萎缩，输精管增粗，内有渗出物。

（2）鸡伤寒 最急性病例通常无明显的病理变化。急性病例肝、脾明显肿大，充血潮红，表面有灰白色坏死点，胆囊充满胆汁而膨大。病程长的肝脏肿大，呈浅绿棕色或古铜色，俗称“青铜肝”（彩图 12），肝脏和心肌可见散在的灰白色小坏死点（彩图 13），脾、肾充血肿大。卵泡充血、出血、变形或变色，有时还可见到卵黄性腹膜炎。雏鸡病变与鸡白痢相似。

（3）副伤寒 急性死亡的雏鸡无可见病变。病期稍长的，肝脏肿大、变性，呈土黄色，表面有条纹状或针尖状出血和坏死灶。脾脏充血，肿大或坏死。肺及肾出血，心包炎，盲肠有干酪样栓塞，肠道发生出血性肠炎。成年鸡，肝、脾、肾充血肿胀，有出血性或坏死性肠炎、心包炎及腹膜炎，产卵鸡的输卵管坏死、增生，卵巢坏死、化脓。

【防治】

（1）预防

① 检疫净化鸡群。检疫鸡白痢需在2 日龄开始，每隔15 天进行1 次检疫，连续4 次，以后隔月检疫1 次，直至连续2 次均不出现阳性反应鸡，然后改为隔6 个月或1 年检疫1 次。将阳性反应鸡全部隔离淘汰。

② 药物预防，使用环丙沙星、恩诺沙星、氟苯尼考等。

③ 环境、鸡舍、地面、用具和种蛋等严格消毒。

（2）治疗

［治疗原则］ 抗菌消炎，对症治疗，提高抵抗力。

方案1：环丙沙星、庆大霉素、新霉素、氟苯尼考、安普霉素等，任选1 种或2 种混饮或混饲，连用3 ~5 天。严重者，头孢噻呋、氟苯尼考等肌内注射，1 次/天，连用3 天。

方案2：七清败毒颗粒、四黄止痢颗粒、白龙散、白头翁散、雏痢净等混饮或混饲（任选1种或2种），连用3~5天。

方案3：白头翁100克、黄芩40克、黄檗20克、甘草20克、金银花40克、蒲公英40克、淫羊藿60克，粉碎，按0.2%~0.5%混饲，1次/天，连用5天。

方案4：黄连、黄芩、苦参、金银花、白头翁、秦皮各等份，研末混合均匀，每羽按0.3克混饲投喂，连用5~7天。

5. 禽巴氏杆菌病

禽巴氏杆菌病又称禽霍乱，是由多杀性巴氏杆菌所引起的鸡、火鸡、鸭、鹅等禽类的一种出血性、败血性传染病。

【病原】 多杀性巴氏杆菌，革兰阴性菌。

【流行病学】

（1）传播途径 主要通过呼吸道、消化道及皮肤外伤感染。

（2）易感动物 各种家禽、野禽对多杀性巴氏杆菌均易感染，发病率和死亡率高，主要发生于育成鸡和成年鸡。

（3）流行特点 一年四季均可发生，多在夏末、秋季和冬季流行。饲养管理不当，如断料、断水或突然改变饲料等，都可增加对禽霍乱的易感性。

【症状】

（1）最急性型 发生在流行初期，往往没有出现症状而突然倒地、挣扎、拍翅、抽搐、迅速死亡。

（2）急性型 最常见的类型。精神沉郁，羽毛松乱，缩颈闭眼，不愿走动，离群呆立。腹泻，粪便呈灰白色、黄白色或绿色，体温升高达43~44℃，食欲下降，喜饮。呼吸困难、口鼻流黏液性分泌物。鸡冠和肉髯青紫色。

（3）慢性型 消瘦，精神委顿，鸡冠倒伏呈苍白色。鼻孔有黏性分泌物流出，鼻窦肿大，喉头积有分泌物。腹泻，粪便稀薄呈浅黄色、灰白色或绿色。一侧或两侧肉髯肿大，脚或翼关节和腱鞘处关节肿大、疼痛、脚趾麻痹，跛行。生长发育缓慢，产蛋鸡产蛋下降后很难恢复到发病前的状态。

【病变】

（1）最急性型 由于发病较急，往往无病理变化，或仅见心内外膜出血。

（2）急性型　冠、肉髯呈黑紫色或紫红色，心包内积有浅黄色液体，并混有纤维素，心冠脂肪、心内外膜点状出血。肝脏质脆，呈棕黄色，表面有针尖大小的灰黄色或灰白色坏死点。脾肿大，表面有大小不等的白色坏死点。脑壳和脑膜充血、出血。皮下组织、腹腔脂肪、肠系膜、浆膜、黏膜有大小不等的出血点。胸腔、腹腔、气囊和肠浆膜上常见纤维素性或干酪样灰白色的渗出物。卵巢出血，卵黄破裂，腹腔内脏表面附着卵黄样物质。肠道广泛性出血，尤其以十二指肠出血较为严重，肠内容物为棕红色。

【防治】

（1）预防　加强饲养管理，减少应激因素，注意对鸡舍、用具及环境消毒。使用氟苯尼考、环丙沙星、恩诺沙星等进行药物预防。每年定期进行预防接种，2 月龄以上的鸡，用禽多杀性巴氏杆菌注乳剂灭活苗，颈部或皮下肌内注射，每只 0.5 毫升，免疫期为 6 个月。

（2）治疗

[治疗原则]　抗菌消炎，对症治疗，提高抵抗力。

方案 1：氟苯尼考、环丙沙星、恩诺沙星、新霉素等，任选 1 种或 2 种混饮或混饲，连用 3～5 天。严重者用磺胺类药、卡那霉素等肌内注射，1 次/天，连用 3 天。

方案 2：七清败毒颗粒、清瘟败毒散混饮或混饲，连用 3 天。

方案 3：茵陈、大黄、茯苓、白术、泽泻、车前子各 60 克，白花蛇舌草、半枝莲各 80 克，生地、生姜、半夏、桂枝、白芥子各 50 克，粉碎，按 1% 混饲，连用 3～4 天。

6. 鸡支原体病

鸡支原体病又称霉形体病，是鸡的一种接触性传染病。鸡毒支原体感染可引起鸡的慢性呼吸道疾病，临床表现为咳嗽、流鼻液、气管啰音和鼻炎。滑液囊支原体感染可引起滑囊炎，特征为关节肿大、跛行。

【病原】　支原体（鸡毒支原体、滑液囊支原体），为无细胞壁的原核生物，形态多样，对外界环境的抵抗力不强，多种消毒剂都能将其杀死，对酸敏感。

【流行病学】

（1）传播途径　主要经接触、呼吸道和消化道传播，也可通过带菌种蛋垂直传播。

（2）易感动物　4～8 周龄雏鸡最易感，雏鸡比成年鸡死亡率高，可达30%以上，成年鸡多为散发。

（3）流行特点 一年四季均可发生，但冬春季节易发，常与其他疾病如传染性鼻炎、大肠杆菌、传染性支气管炎等并发或继发感染。鸡群密度过大、拥挤、鸡舍寒冷潮湿、通风不良、维生素A缺乏、疫苗免疫接种等均可诱导该病发生。

【症状】

（1）鸡毒支原体病 打喷嚏，流鼻涕，咳嗽，呼噜，气管啰音；眶下窦肿胀，形成大的硬结节；流泪，有泡沫样液体，眼内有干酪样渗出物，重者失明；成年鸡产蛋量下降。

（2）滑液囊支原体病 冠苍白、萎缩，跛行、瘫痪和发育不良，跗关节和趾底肿胀。

【病变】

（1）鸡毒支原体病 鼻腔、眶下窦黏膜水肿、充血、出血，窦腔内充满黏液和干酪样渗出物，气管和喉头有少许黏液。气囊浑浊，增厚，表面有黄白色干酪样物。

（2）滑液囊支原体病 腱鞘呈现滑膜炎、滑液囊肿胀，靠近末端处有水泡样肿胀，水泡腔内渗出白色或浅黄色液体，剖开肿胀关节、爪垫部位可见大量黏稠的渗出液；随着病情的加重，切开肿胀部位可见黄白色干酪样或黏稠黄色胶冻样物质。

【防治】

（1）预防

① 加强饲养管理。降低饲养密度，注意通风换气，改善禽舍的环境，避免各种应激反应。种鸡均应进行支原体净化，以控制垂直传播。对产蛋期感染的种鸡群，应使用有效抗生素以降低种蛋的带菌率，并应对种蛋进行严格的浸泡消毒，如将百毒杀按1∶600、红霉素按1∶1000分别稀释，种蛋加热至37.8℃，然后迅速浸泡到预冷至10℃的药液中，5分钟后取出，放入孵化器内按常规孵化出雏。

② 药物预防。使用酒石酸泰乐菌素、替米考星、红霉素、强力霉素等药物。

（2）治疗

[治疗原则] 抗支原体，止咳平喘，提高抵抗力。

方案1：泰乐菌素、替米考星、泰万菌素、强力霉素、恩诺沙星、环丙沙星、泰妙菌素等，任选1种或2种混饮或混饲，如强力霉素+泰

乐菌素、环丙沙星+泰乐菌素、支原净+强力霉素等，连用3~5天。

方案2：甘草颗粒、桑仁清肺口服液、麻杏石甘散、麻黄鱼腥草散等，任选1种或2种，按1%~1.5%混饲或混饮，连用5天。

7. 鸡传染性鼻炎

鸡传染性鼻炎（IC）是由鸡副嗜血杆菌引起的鸡急性呼吸系统疾病，以发病急、死亡率低、鼻腔和鼻窦发炎、流鼻涕、脸部肿胀和打喷嚏等为主要特征。

【病原】 副嗜血杆菌，革兰阴性杆菌，有A、B、C 3个血清型，都有不同程度的致病力，但不同血清型间不存在型间交叉免疫，而存在型内交叉免疫。

【流行病学】

（1）传播途径 主要通过污染的饮水与饲料经消化道感染。

（2）易感动物 各种日龄的鸡均可感染，但以1月龄以上的鸡易感性强，育成鸡和产蛋鸡最易感。

（3）流行特点 寒冷季节多发，秋末和冬季是高发期，具有来势猛、传播快、发病率高、产蛋量下降快、死亡率低的特点，一般2~3周即可康复。

【症状】 精神沉郁，体温升高，食欲减退，垂头缩颈，面部肿胀，眼睑水肿。鼻腔、鼻窦发炎，鼻孔流出稀薄水样鼻液，3~5天后变成黏稠分泌物，沉积于鼻孔周围呈浅黄色结痂，有难闻的臭味。眼结膜发炎，流泪，角膜浑浊，造成暂时性失明，采食、饮水下降。

眼睑、鼻窦部炎性肿胀，一侧或两侧眼眶周围组织水肿，形成肿圈，眼球陷入肿胀的眼眶内，有的蔓延至整个头部出现炎性水肿，多见一侧颜面浮肿，少数呈两侧，部分鸡肉髯水肿。呼吸困难，时常摇头，气管出现啰音，张口伸颈或甩泡沫黏液，最后窒息死亡。颜面肿胀，下颌及肉髯皮下水肿。蛋鸡产蛋量下降10%~30%，蛋面粗糙，部分蛋壳变薄、色变浅。

【病变】 鼻腔和鼻窦急性卡他性炎症，黏膜充血水肿，表面有大量黏液，窦内有渗出物凝块，眼结膜充血肿胀。病程稍长，鼻腔、眶下窦和眼结膜内有大量的干酪样物质。窦内积有渗出物凝块后成为干酪样坏死。卵黄性腹膜炎、卵泡变软和出血。

【防治】

（1）预防

① 改善鸡舍通风条件，合理调整饲养密度，降低环境中氨气含量，

保持鸡舍内干燥清洁。喂全价配合饲料，充分保证维生素和微量元素的供给，以增强鸡体抗病力。

② 免疫接种，可以使用传染性鼻炎（A型）灭活苗、传染性鼻炎（A型+C型）二价灭活苗、传染性鼻炎（A型+B型+C型）三价灭活苗。一般采用2次免疫，第1次在30~40日龄，第2次在110~120日龄，以保护鸡群度过整个产蛋周期。

（2）治疗

［治疗原则］ 抗菌消炎，对症治疗，提升产蛋量。

方案1：磺胺二甲嘧啶0.5%混饲或泰乐菌素0.5克/升混饮，连用5天，间隔3~5天重复1个疗程；严重者，肌内注射青链霉素，每天1次，连用3天。

方案2：复方泰灭净（磺胺间甲氧嘧啶8.3克+甲氧苄啶1.7克）100克兑水200千克，连用3天，间隔3~5天再用1个疗程，以防复发。病情严重的使用青霉素、链霉素，按5~10万国际单位/千克体重肌内注射，每天1次，连用3天。

方案3：紧急接种用传染性鼻炎油乳剂灭活苗，肌内注射，0.5毫升/只。全群用磺胺间甲氧嘧啶按规定浓度混饲，连喂5~7天，同时饲料中添加一定量的碳酸氢钠；并用泰乐菌素混饮，每天2次，连用5天。

第二节　常见寄生虫病的防治

一、常见原虫病

1. 鸡球虫病

【病原】 艾美耳属球虫，主要有9种，分别是柔嫩、毒害、巨型、堆型、和缓、哈氏、早熟、布氏、变位。致病作用最强的是寄生于盲肠的柔嫩艾美耳球虫和寄生于小肠中段的毒害艾美耳球虫，其他7种球虫致病性相对较小。

1）堆型艾美耳球虫，寄生在十二指肠和空肠的上皮细胞内。

2）布氏艾美耳球虫，寄生于小肠后半段和直肠、盲肠颈部和泄殖腔上皮细胞内。

3）哈氏艾美耳球虫，寄生于小肠前半端上皮细胞中。

4）巨型艾美耳球虫，寄生于整个小肠（主要在小肠中段，但也会扩散至整个肠道）上皮细胞内。

5）变位艾美耳球虫，寄生于小肠前1/3段（早期）、小肠前半段盲肠颈部、直肠（后期）和中段的上皮细胞内。

6）和缓艾美耳球虫，寄生于小肠前半部上皮细胞内。

7）早熟艾美耳球虫，寄生于小肠前1/3段的上皮细胞内。

【流行病学】

（1）传播途径 主要通过污染的饮水、饲料及用具等经消化道感染。

（2）易感动物 不同品种和日龄的鸡均可发病，以15～50日龄鸡最易感，开产期蛋鸡也可发生。

（3）流行特点 一年四季均可发生，尤以夏季高温、高湿环境发病最多。

【症状】

（1）盲肠球虫病 精神沉郁，羽毛松乱，两翅下垂，闭目缩颈，减食或停食，排出带血的粪便或血便（出现血便1～2天后发生死亡，死亡率可达50%以上）。

（2）小肠球虫病 多见于育成鸡和初产母鸡。精神不振，翅膀下垂，粪便相对干燥，但粪便很小，细如乳猪料，也有的像一堆绿豆皮一样的粪便。鸡笼下尤其是靠外侧的最下层的笼下，有很多细小干硬的粪便，有的像手掌大小的灰白色奶样稀便。产蛋鸡在病愈后产蛋量长期不能恢复至正常水平。

【病变】

（1）盲肠球虫病 两侧盲肠显著肿胀，呈暗红色或黑红色，肠浆膜有大量出血点，剪开可见盲肠内有大量鲜红色或暗红色的血液或血凝块，黏膜有出血斑点，盲肠壁增厚，其肠黏膜坏死脱落与血液混合形成暗红色干酪样肠芯。

（2）小肠球虫病 小肠变粗、增厚，无弹性，黏膜上有芝麻粒大小点状出血（彩图14）和灰白色斑点状坏死病灶相间杂（肠道内充满橘红色内容物）。

【防治】

（1）预防

① 加强饲料管理，消除高温、高湿，减少鸡和卵囊接触的机会，切断球虫病的传播途径。环境要严格消毒，饲料中应保持足够多的维生素A和

维生素 K，以增强抵抗力，降低发病率。

② 球虫疫苗免疫。可于 3～7 日龄时做饮水免疫。注意垫料厚度会对免疫效果产生影响，以 4 厘米厚度为宜。

③ 药物预防。聚醚类离子载体抗生素，如莫能菌素、拉沙菌素、盐霉素、马杜霉素和海南霉素等，化学合成抗球虫药主要有氯羟吡啶、二硝托胺、氨丙啉、尼卡巴嗪、地克珠利、妥曲珠利及磺胺类抗球虫药等。

（2）治疗

［治疗原则］ 抗球虫，防继发感染，修复肠黏膜。

方案 1：氯羟吡啶、二硝托胺、氨丙啉、尼卡巴嗪、地克珠利、妥曲珠利及磺胺类药等，任选 1 种或 2 种混饮或混饲，联合用药，如氨丙啉 + 磺胺喹噁啉，磺胺二基嘧啶 + 百球清，妥曲珠利 + 三字球虫粉，连用 3～5 天。

方案 2：常山提取物 100～200 毫克/千克混饲，妥曲珠利混饮，连用 5 天。

方案 3：青蒿 80 克、常山 80 克、秦皮 30 克、鸦胆子 40 克、白头翁 30 克、地锦草 30 克、仙鹤草 30 克、黄芪 30 克，粉碎，按 1.5% 混饲，连用 5～7 天。

方案 4：复方磺胺氯吡嗪钠（磺胺氯吡嗪钠 + TMP 或 DVD）0.03% 混饮，连用 3～5 天。

方案 5：修复肠黏膜可用鱼肝油混饮，止血可用维生素 K_3，防止继发感染，可用硫酸新霉素、硫酸黏菌素等。

【提示】

球虫易产生耐药性，宜穿梭用药和轮换用药。

2. 组织滴虫病

【病原】 火鸡组织滴虫，寄生于鸡的盲肠和肝脏中。

【流行病学】

（1）易感动物 主要侵害 2 周龄～4 月龄的禽类，多发生于 3～9 周龄放养或散养、有运动场地的鸡群。

（2）流行特点 无明显季节性，但以温暖、潮湿的夏秋季多发，寒冷冬季少发，主要通过寄生在盲肠的异刺线虫的卵传播。

【症状】 精神萎靡，食欲减少或废绝，羽毛蓬松，无光泽，两翅下

垂，步态蹒跚，畏寒。下痢，粪便恶臭呈糊状，呈浅黄色或浅绿色（硫黄样粪便），有时带血液。部分病鸡头部皮肤、冠及肉髯呈紫色或暗黑色，故有“黑头病”之称。行走如踩高跷，贫血，消瘦，有时甚至卧地不起。

【病变】 肝脏肿大、色泽变浅，表面形成多个圆形或不规则的、大小不一的、稍凹陷的坏死病灶，病灶中心呈浅黄色或浅绿色，周围形成灰白色的坏死，稍凸出于肝脏表面。坏死灶的数量和大小不同，形成大小不等相互连成一片的溃疡区。胆囊肿大，充满胆汁。

盲肠一侧或两侧高度肿胀，比正常大 2～5 倍，肠腔内充满坚硬、干酪样栓塞，形似香肠，断面呈同心圆状，中心为黑红色的凝固物或浅红色的黏稠物。盲肠黏膜及黏膜下层甚至肌层充血、出血、溃疡，溃疡可穿透肠壁，引起腹膜炎。

【防治】

（1）预防 加强卫生管理，保持鸡舍清洁干燥，对地面粪便及时清理，堆积发酵，以切断传播途径和传染源，防止异刺线虫侵入鸡体内。同时定期驱除异刺线虫，使用左旋咪唑，25 毫克/千克体重，或用丙硫苯咪唑（阿苯达唑），10～20 毫克/千克体重，混饲 1 次服用。

【提示】

异刺线虫是该病的传播者，治疗时应注意驱除。

（2）治疗

［治疗原则］ 抗组织滴虫，防继发感染，修复肠黏膜，保肝护肝。

方案 1：20% 地美硝唑 1～2 千克/吨混饲，1 次/天，连用 5～7 天。

方案 2：大青叶 60 克、茵陈 30 克、栀子 45 克、虎杖 30 克、大黄 20 克、车前子 35 克，按 0.5%～1% 混饲，连用 3 天为 1 个疗程，停药 3 天，再用 1 个疗程。

方案 3：大黄 100 克、槟榔 50 克、白芍 50 克、木香 50 克、板蓝根 100 克、焦山楂 50 克、甘草 30 克，粉碎，按 1% 的比例，结合甲硝唑按 0.2% 比例混饲，连喂 5 天。对个别重症病鸡可用甲硝唑 1.25% 悬浮液直接滴服，用量为 1 毫升/只，每天 2～3 次，连喂 4 天。

方案 4：为防止继发感染，可用新霉素、硫酸黏菌素、环丙沙星、氟苯尼考等混饮；止血可用维生素 K_3；增加维生素 A，促进盲肠与肝脏损伤的恢复。

3. 住白细胞虫病

【病原】 卡氏白细胞虫、沙氏白细胞虫。

【流行病学】

（1）易感动物 以3～6周龄的雏鸡及成年鸡最为常见。对雏鸡危害严重，发病率高，症状明显，常引起大批死亡。青年鸡易感性最高，病情最为严重。

（2）流行特点 有明显的季节性，多发生于夏季，传播媒介为吸血昆虫（库蠓和蚋）。该病在我国南方感染比较严重，常呈地方性流行，近年来北方地区也陆续发生。

【症状】 精神委顿，食欲减少或废绝，消瘦，贫血，血液稀薄，鸡冠苍白，羽毛松乱。腹泻，粪便呈水样白色或绿色稀粪。两腿无力，不愿走动，闭眼昏睡。部分鸡因咯血、抽搐、呼吸困难而死亡，死前口流鲜红血水。产蛋量下降，沙壳蛋、软壳蛋、破壳蛋等畸形蛋增多。

【病变】 口腔、气管内积有血样黏液，血液稀薄，不易凝固。全身皮下肌肉及内脏出血，脂肪有点状出血，胸肌和腿肌有散在出血斑点和白色结节。心外膜、肠浆膜有出血点和黄白色小结节。肝脏肿大、有点状出血。肺脏出血严重；心包及胸腹腔积血，腹腔有血水。脾脏表面有灰白色小结节，肿大，有点状出血。胰腺有点状出血；肾脏被血凝块覆盖，有点状出血块；十二指肠黏膜有出血点，盲肠扁桃体肿大出血；直肠黏膜有出血点。

【防治】

（1）预防 搞好环境卫生消毒，鸡舍门窗安装纱窗，消除媒介昆虫，在傍晚用0.05%除虫菊酯、溴氰菊酯或0.1%敌百虫溶液灭蚊（喷药时间安排在晚18:00～20:00）。使用复方泰灭净进行药物预防，可按30～50毫克/千克饲料，长期添加，直至季节性库蠓消失（一般为9月底～10月初），也可选择磺胺二甲嘧啶、磺胺喹噁啉钠等进行预防。

（2）治疗

[治疗原则] 抗原虫、防继发感染、防贫血。

方案1：复方泰灭净，按0.05%混饮或0.1%混饲，连用5天。严重者，用10%磺胺间甲氧嘧啶钠注射液，按0.5毫升/千克体重，肌内注射，2次/天，连用3天，首次量加倍。

方案2：磺胺二甲氧嘧啶0.005%混饮或复方敌菌净80毫克/千克混

饲，每天2次，连用3～5天。

方案3：黄芩、地榆、木香、白芍、墨旱莲、常山、苦参各200克，粉碎，按0.3%～0.5%混饲，连服5天。

方案4：使用磺胺药的同时用0.2%小苏打混饮，以降低磺胺药对肾脏的影响，同时饲料中添加维生素K防止出血。

二、常见蠕虫病

1. 蛔虫病

【病原】 蛔虫，呈浅黄色或乳白色，雄虫长5～8厘米，雌虫长6～10厘米，虫卵呈椭圆形，主要寄生于小肠。

【流行病学】 以大群地面饲养的鸡群多发，尤以3～4月龄以内的雏鸡易感染，1岁龄以上多为带虫者，不需中间宿主。

【症状】 雏鸡生长发育不良，精神萎靡，行动迟缓，呆立不动，翅膀下垂，羽毛松乱，鸡冠苍白，黏膜贫血，食欲不振，逐渐消瘦，下痢和便秘交替发生，有时粪中有带血黏液，最终因消瘦衰竭死亡。成年鸡一般症状轻微，偶见下痢，产蛋量下降和贫血等。

【病变】 肠壁有粟粒大的寄生虫性结节，肠黏膜水肿、出血，甚至发生萎缩和变性，大量成虫积聚于肠道，引起肠道阻塞、破裂和腹膜炎。

【防治】

（1）预防　搞好环境卫生，及时清除鸡粪，并堆积发酵，杀灭虫卵，保持鸡舍干燥。雏鸡与成年鸡分群饲养，病鸡及时隔离、治疗。加强饲养管理，定期驱虫，每年进行1～2次，产蛋前需要再进行1次驱虫；夏季每隔10～15天用热碱水烫洗地面、饲槽及其他用具。

（2）治疗

[治疗原则]　驱虫，防继发感染，增加营养。

方案1：左旋咪唑，按20～25毫克/千克体重，一次口服，每隔10～15天重复使用。

方案2：阿苯达唑，按10～15毫克/千克体重，或芬苯达唑，按20毫克/千克体重，一次口服。

方案3：槟榔子125克、南瓜子75克、石榴皮75克，研末，按2%比例混饲，2次/天，连用3～5天。

2. 绦虫病

鸡绦虫病是由绦虫纲圆叶目戴文科的多种绦虫寄生于鸡的小肠引起

的疾病。

【病原】 四角赖利绦虫、棘钩赖利绦虫、有轮赖利绦虫和节片戴文绦虫4种，呈乳白色、带状，虫体长5~30厘米。

【流行病学】 不同年龄的鸡均可感染，但以25~40日龄的雏鸡死亡率最高，多发生于夏秋季节；环境潮湿，卫生条件差，饲养管理不良均易引起鸡只发病；需要中间宿主，蜗牛、蛞蝓、蚂蚁、家蝇、金龟子等。

【症状】 精神沉郁，羽毛蓬乱，食欲下降，饮水增多，行动迟缓，两翼下垂，头颈扭曲，贫血。粪便中有多少不等的白色、大米粒大小、长方形绦虫节片，成熟的节片中有虫卵。严重者贫血、消瘦，黏膜和冠髯苍白，最后衰弱死亡。产蛋量下降或停产，严重者引起死亡。

【病变】 小肠黏膜潮红、肥厚，有散在出血点。肠腔中富含浅红色黏液，有恶臭味，可发现大量虫体固着于黏膜上。肠壁上可见结核样结节，结节中央有米粒大小的凹陷，内可找到虫体或填满黄褐色干酪样物质，或形成疣状溃疡。肠腔中可发现乳白色分节的虫体。

【防治】

(1) 预防 及时清理粪便，粪便堆积发酵杀灭虫卵；保持鸡舍环境卫生，通风良好，温度适宜，可避免鸡羽虱等寄生虫病的发生；鸡舍要灭蝇，可有效控制绦虫病的发生。药物驱虫，分别在60日龄、120日龄、220日龄各驱虫1次，以后每半年驱虫1次，非产蛋鸡使用丙硫咪唑（阿苯达唑），产蛋鸡使用吡喹酮效果较好。

(2) 治疗

[治疗原则] 驱虫，防继发感染，增加营养。

方案1：阿苯达唑，按10~20毫克/千克体重，1次口服。

方案2：氯硝柳胺（灭绦灵），按50~60毫克/千克体重，1次口服。

方案3：吡喹酮，按20毫克/千克体重，混饲，间隔7天后再给药1次。同时，每100千克饲料中添加鱼肝油50克，连用7天。

三、常见外寄生虫病

1. 鸡虱

【病原】 鸡大体虱、羽干虱、头虱等。虱体呈浅黄色或灰色，体长1~3毫米。鸡虱是鸡体表上的一种永久性寄生虫，全部生活史都离不开鸡的体表。

【症状】 鸡虱寄生在鸡肛门下部，或腹部、胸部和翅膀下面，以羽毛的羽小枝为食，还可损害表皮，吸食血液，刺激皮肤而引起发痒不安。羽干虱多寄生在羽干上，咬食羽毛和羽枝，致使羽毛脱落。头虱主要寄生在鸡头颈皮肤上，常造成秃头。鸡虱可导致体表发痒，使鸡常啄破鸡肉，精神不振，休息不好，采食少，消瘦，羽毛脱落，产蛋下降。雏鸡生长发育停止，甚至死亡。

【防治】

（1）预防 平时应搞好鸡舍内外的清洁卫生工作，注意防止麻雀等鸟类进入鸡舍。鸡舍在进鸡前要彻底清洗和消毒。在驱杀鸡虱时，不管哪种方法，必须同时对鸡舍、鸡巢及一切用具进行杀虱和消毒。

（2）治疗

方案1：沙地内放5%硫黄粉或3%除虫菊酯粉供鸡自由沙浴。

方案2：用棉球蘸白酒涂在鸡虱寄生部位，3~4次即可。

方案3：用精制敌百虫片研细后混水喷雾。每1000只成年蛋鸡用量为：敌百虫片250片（0.3克/片），混入15千克温水中完全溶解，搅匀后全方位喷雾，间隔5~7天再进行1次。

方案4：用2~3%除虫菊酯粉或5%硫黄粉，用喷雾器喷粉或直接撒在鸡翼下、双腿内侧、胸腹和其他寄生部位。

方案5：伊维菌素，以0.3毫克/千克体重，皮下注射，间隔10天再注射1次。

方案6：5%溴氰菊酯原液加水2000倍稀释，对患鸡进行药浴，1次即可。

2. 鸡螨

【病原】 鸡螨共有20多种，危害性较大的有鸡刺皮螨、鸡膝螨等。鸡刺皮螨又称红螨或栖架螨，是寄生于鸡体最普遍的一种螨。虫体呈椭圆形，前部生有4对肢，外观呈棕褐色或棕红色，雄虫体长0.6毫米左右，雌虫体长0.72~0.75毫米，待吸饱血后长度可达1.5毫米，形如针状，常用来刺破鸡的皮肤吸吮血液，吸血后虫体变为红色。

【症状】

（1）鸡刺皮螨 主要在夜间侵袭鸡只吸血，受侵袭的鸡只日渐衰弱贫血，产蛋率下降，能使雏鸡死亡。

（2）鸡膝螨 主要寄生于鸡背部和翅膀处的羽毛根部，患鸡经常啄羽，特别是晚上经常将头伸进翅膀下或背部啄咬羽毛，甚至将羽毛啄掉。当鸡膝螨严重寄生时，刺激皮肤引起发痒和不安，继而啄食羽毛。除翅和尾部羽毛外，几乎全身羽毛被啄光。有的寄生在鸡脚和趾的皮肤鳞片下面，患部外观像涂上一层石灰。有的寄生在羽毛根部的皮肤上，寄生部位肿胀发痒，常被啄伤而出血，严重时行走困难，关节炎、趾骨坏死，影响采食以及生长和产蛋量。

【治疗】

方案1：鸡体喷雾，以0.5%~1.0%的敌百虫溶液喷雾到鸡背、腹部，间隔7天再喷1次，效果较好；也可用0.1%的敌百虫溶液药浴。

方案2：涂擦患部，如患部在鸡背、颈、翅膀等部位，可用松焦油擦剂（松焦油1份、硫黄1份、肥皂2份、95%酒精2份，混合后调匀）涂擦患部。

第十章
搞好环境调控，向环境要效益

第一节　环境控制的误区

一、不重视鸡舍内灰尘的危害

舍内空气中的灰尘不仅是造成鸡群呼吸道疾病的外在原因，还对鸡只的生长发育有着不同程度的影响。鸡舍环境恶劣时往往灰尘更多，舍内空气干燥时灰尘较多，灰尘是诱发鸡群呼吸道疾病的罪魁祸首。鸡只吸入气管后往往表现非病原症状，如喉头分泌黏液增多、打喷嚏、咳嗽等，严重者可诱发气管炎、呼吸困难有啰音。灰尘落在鸡体羽毛里，与皮脂腺的分泌物结合起来粘在皮肤上，易引起鸡只皮肤发炎，也为寄生虫繁殖发育提供“沃土”。此外，灰尘过多也威胁着舍内工作人员的身体健康，还可以覆盖通风管、风机罩、电动机等，从而降低通风效果、浪费能源。

二、忽视低温对蛋鸡的不良影响

蛋鸡饲养的最佳环境温度是25℃左右，若环境温度变化大，需要注意蛋鸡的采食量。若采食量增加，可能是因为鸡舍的温度下降到20℃以下，蛋鸡需要更多的能量。每降低1℃，蛋鸡的采食量增加1.5克。当温度降得太低，而蛋鸡不能采食更多的饲料时，需要饲喂高浓度饲料，否则，产蛋量下降。

三、认为光色对蛋鸡影响不大

部分养殖户认为，光色对蛋鸡影响不大，岂不知不同的光色对蛋鸡生产性能、健康状况与行为、蛋的品质等均有影响。研究发现，红光能促进母鸡的性腺功能，显著增加产蛋量，降低饲料消耗量，提高免疫功能，减少啄癖，但鸡蛋短径随着红光照射时间的增加逐渐变小。蓝光可

以增加促卵泡素和促黄体生成素的分泌，提高输卵管分泌功能，增加产蛋高峰期时间，但鸡蛋长径则随着蓝光照射时间的增加逐渐变小。红光和蓝光影响下的蛋重略低于白光影响下的蛋重。

四、对鸡舍通风方式认识存在偏差

鸡舍的通风方式有自然通风和机械通风两种。两种通风方式的效果是不同的，有的养殖户认为只要有自然通风就可以满足需要，从而导致鸡舍内有害气体含量增加。试验表明，自然通风鸡舍内的风速显著低于机械通风的鸡舍，二氧化碳浓度显著高于机械通风的鸡舍；自然通风鸡舍内的温度、相对湿度、氨气浓度高于机械通风鸡舍；自然通风鸡舍各指标每天的变化幅度均大于机械通风鸡舍，自然通风鸡舍内空气环境不稳定。机械通风能够较好地改善空气环境，因此，自然通风鸡舍在外界风速较低时有必要开启风机进行机械通风。

第二节　提高环境调控效益的主要途径

一、控制外环境

1. 鸡场选址科学

（1）地势高燥　应选择地势高燥、背风向阳、平坦开阔、通风良好的地方建场（彩图 15）。地势高燥有利于排水，避免雨季造成场地泥泞、鸡舍潮湿。平原地区应避免在低洼潮湿或容易积水处建场，地下水位应在 2 米水位以下。背风向阳的地方冬季鸡舍温度高，降低加热费用，而且阳光充足，有利于杀灭环境中的微生物，有助于鸡群健康。山区丘陵地区，平坦开阔、坡度平缓的场地方便场区的规划，保证了场地的合理利用，鸡场总坡度不超过 25%，建筑区坡度在 2% 以内。

（2）土质良好　要求土质透气、透水性能好，抗压性强，以沙壤土为好。满足建设工程需要的水文地质和工程地质条件。

（3）交通便利　鸡场应选择交通较为便利的地方，方便饲料、产品等物资的运输。但为了防疫要求，鸡场应远离铁路、交通要道、车辆来往频繁的地方，鸡场距离干线公路 500 米以上，距城乡公路 200 米以上。鸡场距离村、镇居民点至少 1000 米以上。一般都是修建专用辅道，与主要公路相连。为了减少道路修建成本，应选择地势相对平坦，距离主要公路不太远的地方。

（4）水源稳定、水质良好 蛋鸡生产中需要消耗较多的水，除鸡群饮用外，其他如冲洗场地、鸡舍、设备、道路、消毒、工作人员使用、绿化、夏季喷水降温等都需要消耗一定量的水。一般供水要求按照每只成年蛋鸡每天3升的用水量设计。在缺水地区建场要考虑附近的蓄水设施，尤其是在旱季一定能够保证鸡群的用水需要。水质对鸡群的健康、饮水免疫效果、需水设施的正常运行都有影响。饮水的水质要符合无公害食品-畜禽饮用水标准。

（5）防止污染 鸡场选址应参照国家有关标准的规定，避开水源防护区、风景名胜区、人口密集区等环境敏感地区，远离村镇、城市。此外，还要考虑鸡场污水的排放条件，对当地排水系统进行调查。污水去向、纳污地点、距居民区水源距离、是否需要处理后排放，这些都会影响到生产成本。鸡场周围3000米内无大型化工厂、采（选）矿厂、造纸厂、冶炼厂和水泥厂。距离飞机场、飞机起飞后通过的区域、铁路、靶场至少应有500米的距离；距离公路、停车场至少有300米的距离。

2. 搞好绿化

养鸡场内的绿化布局与场内的建筑布局应统一规划，鸡场外墙、鸡舍周围及道路两旁、办公管理区，应种植树木和花草等绿化植物（彩图16）。用作鸡舍周围环境绿化的树木不仅要适应当地的水土环境，还要有抗污染、吸收有害气体等功能。鸡场外墙周围应视具体情况种植防护林带，各分区之间及鸡场四周应设置隔离绿化带，以防畜兽进入。鸡舍周围可种植葡萄、樱桃、苹果、核桃、桃、杏、李等果树绿化，以改善其周围环境的温度、湿度、气流等。防疫沟水面可放养水浮莲、水葫芦、绿萍等水生植物。

【小经验】

鸡舍周围常见的绿化树种有泡桐、梧桐、白杨、小叶杨、钻天杨、旱柳、垂柳、槐树、榆树、侧柏、雪松、樟树和核桃树等。

3. 减少噪声

为避免和减少噪声对养鸡生产造成的不良影响，鸡场选址时应尽量远离工矿企业、交通要道及居民点；场内规划应合理安排，交通线不宜靠鸡舍太近。鸡舍内的机械、设备设计应尽量选用低噪声的。

4. 粪污无害化处理

（1）粪污处理 鸡场必须设置能防雨雪的专用粪污处理场，地面应尽可能采用水泥地面，以防粪水渗入地下，污染地下水。设置雨棚遮挡雨水，做到干湿分离，雨污分流，以防污染周边环境。鸡粪可通过堆积发酵进行无害化处理，也可加工成有机肥。

（2）污水处理 鸡场排出的污水，因清运和饲养方式不同，排放量和所含有机物成分有很大差异。最有效的处理方式是进行厌氧发酵，经无害化处理后的污水可进行农田水渠灌溉，也可进行鱼塘养鱼。排出的污水必须经无害化处理，水质达到国家有关排放标准后才能排放。

（3）病死鸡处理 采用焚烧炉焚烧或消毒深埋进行无害化处理，以减少对环境的污染和病原微生物的传播扩散。严禁随意丢弃，以免污染环境、水域，传播疫病。

（4）废弃物处理 蛋鸡养殖场的破损腐败鸡蛋、霉变废弃饲料、过期兽药和疫苗等废弃物，必须采用无害化处理措施进行处置。

二、控制内环境

1. 控制有害气体产生

家禽养殖环境中有害气体含量是评价禽舍环境质量的重要指标之一。蛋鸡舍内的有害气体主要包括氨气、硫化氢等，会对蛋鸡的健康、生产性能及养殖效益造成严重影响，易患呼吸道病。消除舍内有害气体是改善蛋鸡舍环境的一项重要措施，由于产生有害气体的途径多种多样，因而消除有害气体也需要从多方面入手采取综合措施。

（1）加强通风换气 夏季通风换气可以防暑降温，冬季可保持蛋鸡舍空气新鲜，排除过多的水气，使蛋鸡舍的相对湿度适宜，清除空气中的灰尘、微生物及舍内滞留的二氧化碳等有害气体。通风换气应根据蛋鸡舍的隔热效果、密封程度、饲养量、鸡的日龄等确定通风量。全封闭蛋鸡舍的通风模式选择尤为关键，当鸡舍长度不超过 90 米时，采取纵向通风的模式即可达到舍内换气效果；若长度大于 120 米，则应当采用两端进风，中间出风的通风模式。

（2）加强饲养管理 蛋鸡舍内的粪便、饲料残渣等有机物是氨气、硫化氢、恶臭气体的主要来源，饲养人员在日常管理过程中可根据场内情况结合不同季节、当天天气等因素，清洁舍内卫生，减少舍内有机质含量，从源头控制有害气体的产生；要根据鸡舍的构造、鸡的品种和日

龄、养殖设施等因素，调节舍内饲养密度，防止二氧化碳浓度过高；制定养殖人员消毒防疫制度及带鸡消毒制度并严格执行，最大程度保证鸡舍内部生物安全。

（3）优化日粮结构 按照鸡的营养需求配制全价日粮，避免日粮中营养物质的缺乏、不足或过剩，特别要注意日粮中粗蛋白水平不宜过高，否则会造成蛋白质消化不全，排泄物产生过多的含氮物质。采用理想蛋白质体系，适当降低日粮中粗蛋白的含量，从日粮基数上减少氮的摄入量，进而降低粪便中氨的排放量。

（4）使用添加剂 在饲料中采用非淀粉多糖、酸化剂、酶制剂、脲酶抑制剂等，提高蛋鸡对饲料的消化率，并可减少粪便中氨的散发量；添加微生态活菌制剂，从改善蛋鸡肠道健康角度入手，抑制有害微生物的繁殖，降低环境中恶臭气体的产生；利用载铜硅酸盐、沸石、活性炭、活性氧化铝等吸附剂，在降低舍内湿度的同时减轻氨气的浓度。

2. 减少蛋鸡舍内病原微生物数量

环境中微生物的种类和分布已成为禽舍环境质量的重要指标，直接关系到饲养人员、养殖动物的健康以及生产性能的发挥。蛋鸡舍内外空气中细菌数量差异较大，舍内空气中细菌菌落总数明显多于舍外空气。

（1）机械清除 首先对鸡舍顶棚、天花板、风扇、通风口、墙壁、地面进行彻底打扫，将垃圾、粪便、垫料、羽毛和其他各种污物全部清除，定点堆放烧毁并配合生物热消毒处理。料槽、水槽、网床等设施采用喷雾器或高压水枪进行常水洗净，洗净时按照从上至下、从里至外的顺序进行。对较脏的地方，可事先进行刮除，要注意对角落、缝隙、设施背面的冲洗，做到不留死角。最后冲洗地面、走道、粪槽等，待干燥后用化学法消毒。

（2）药物喷洒 可用3%~5%来苏儿、0.2%~0.5%过氧乙酸、百毒杀、戊二醛、聚维酮碘、10%~20%漂白粉等喷洒消毒。地面用药量为800~1000毫升/米^2，舍内其他设施用量为200~400毫升/米^2。为了提高消毒效果，应使用两种或三种不同类型的消毒药进行2~3次消毒。每次消毒要等地面和物品干燥后再进行下次消毒。必要时，对耐燃物品还可使用酒精喷灯或煤油喷灯进行火焰消毒。

（3）熏蒸消毒 常用福尔马林加高锰酸钾熏蒸消毒，比例为2∶1，一种是每立方米42毫升福尔马林、21克高锰酸钾，适用于重度污染或全进全出时；另一种是每立方米30毫升福尔马林、15克高锰酸钾，多于预防性消毒，消毒时间为24小时以上，若不急用，可密闭1～2周。消毒完成后，应通风换气，待对鸡只无刺激后，方可使用。如果鸡舍需要急用，可以用氨气中和甲醛气体，按每立方米鸡舍用5克氯化铵、10克生石灰和10毫升75℃热水的用量混合放入容器中，即可放出氨气。30分钟后打开鸡舍门窗，通风30～60分钟，即可入舍使用。

第十一章
开展经营分析，向管理要效益

第一节　蛋鸡场经营管理上的误区

一、经营管理误区

1. 经营理念不正确

部分养殖户认为，有良好的场址、现代化的鸡舍与多层鸡笼等硬件条件，就一定能养好鸡。强大的硬件为养好鸡提供了必要条件，但没有优良的经营管理理念，再好的硬件条件也不能保证一定养好鸡。目前，蛋鸡养殖业受到一些投资者的青睐，部分投资者抱着“建个鸡场先占地”“房地产干不下去了，不如将资金投向养殖业，说不定还能赢点利”“资金与其闲着，投向养殖业试试看”等目的开始养鸡。部分投资者鸡场建得很标准、很现代化，但经营理念不正确，管理跟不上，导致资金打水漂。鸡场建设，硬件固然重要，但经营理念必须正确，这样，鸡场内部才能和谐，人尽其才，物尽其用，达到最佳的养殖效果和经济效益。

2. 人员管理不重视

标准化、规模化的蛋鸡养殖场需用的人员远比“小规模、大群体”养殖时代少，但对人员素质的要求高。人员管理是鸡场管理的重中之重。

3. 经营管理与饲养管理结合不紧密

只有搞好经营管理，才能以最少的资源、资金取得最大的经济效益。养鸡生产风险很大，需要投入资金多，技术性强，正常运行要求组织严密，解决问题及时。养鸡中最大的开支是饲料和管理两项费用，饲料费用取决于饲料配合和科学的饲养管理方法，而管理费用取决于经营管理水平。这一切都要求把科学的经营管理和科学的饲养管理结合起来。实践证明，只有经营管理水平高，饲养管理水平才能高。

二、经营决策误区

1. 经营方向不明确

兴办鸡场，首先碰到的就是经营方向问题。也就是说，要办什么样的鸡场，是办综合性的，还是办专业化的；是养种鸡，还是养商品代鸡。综合性的鸡场经营范围较广，规模较大，需要财力、物力较多，要求饲养技术和经营管理水平较高，一般多由合资企业兴办。专门化鸡场是以专门饲养某一种鸡为主的鸡场。例如，办种鸡场，只养种鸡或同时经营孵化厂；办蛋鸡场，只养产蛋鸡。至于具体办哪种类型鸡场，主要取决于所在地区条件、产品销路、企业或家庭自身的经济实力和技术实力，在做好市场预测的基础上，慎重考虑并做出明确决定。

2. 生产规模确定不合理

作为一个新建的鸡场，究竟办多大规模，养多少只鸡合适，这要从投资能力、饲料来源、房舍条件、技术力量、管理水平、产品销量等诸方面情况进行综合考虑、确定。如果条件差一些，鸡场的规模可以适当小一些，如养鸡2000~5000只，待积累一定的资金，取得一定的饲养和经营经验之后，再逐渐增加饲养数量。如果资金充足产品需求量大，饲料供应充足，而且具备一定的饲养和经营经验，鸡场规模可以建得大一些，以便获得更多的利润。但是，鸡场的规模一旦确定，绝不能盲目增加饲养数量，提高饲养密度，否则，易使鸡群产蛋率降低，死亡率升高，造成经济损失。

三、经营目标误区

1. 经营方向不确定

养鸡场的经营方向是指办什么类型的鸡场，是养商品蛋鸡，还是养种鸡出售种蛋、孵化雏鸡或是饲养青年鸡销售。具体的经营方向必须根据市场需求，并兼顾市场价格、生产成本而确定，在考虑提高经济效益的同时，还要考虑生产可行性，最后再做出选择。

2. 生产规模不确定

一个新建的蛋鸡场或改造的老鸡场，究竟以多大规模为宜，既要考虑规模效益，又要考虑可行性。具体来说，就是要考虑饲养能力、饲养条件和资金等综合因素。3000只以下的养殖户存在明显的规模效率偏低的状况，需要扩大养殖规模；在现有的生产技术条件下，5万只左右的专业化养殖规模是规模效率和劳动生产率较高的最优规模。

3. 生产形式不确定

鸡场的生产形式必须按人力、物力和自然条件情况来决定，一个养鸡场是否采用机械化和机械化程度如何，应取决于资金和劳动者的素质以及工人工资的高低等。

4. 饲养品种不确定

蛋鸡有不同的品种类群，饲养模式和消费习惯不同，选择的蛋鸡品种也不同。例如：笼养时，可选择京粉 1 号、京红 1 号、京粉 2 号、农大 3 号、海兰、海赛克斯等；林下、果园等生态放养时，可选择当地优良品种。

【提示】

如何确定鸡场的经营方向及规模，取决于投资能力、饲养条件、技术水平、鸡苗来源和产品销售等因素。

第二节　加强蛋鸡场的经济核算

一、经济效益分析

1. 损益表分析法

损益表显示了整个养鸡场一定时间段（月、年）的财务状况，它不分鸡的日龄、批次，而是按照业务往来发生的时间先后顺序做好财务记录，并制成财务报表。通过财务报表进行详细分析，及时全面了解鸡场的经营情况是否良好，今后将如何发展，为经营者决策提供依据。损益表的格式见表 11-1。

表 11-1　损益表

项　　目		行　　次	本 月 数	本 年 累 计
一、主营业务收入		1		
减：	主营业务成本	2		
	营业费用	3		
	主营业务税金及附加	4		

（续）

项　　目		行　　次	本　月　数	本年累计
二、主营业务利润		5		
加：其他业务利润		6		
减：管理费用		7		
三、营业利润		8		
加：	投资收益	9		
	补贴收入	10		
	营业外收入	11		
减：营业外支出		12		
加：以前年度损益调整		13		
四、利润总额		14		
减：所得税		15		
五、净利润		16		

【提示】

以上是损益表的格式，在实际工作中可以根据自己鸡场的具体情况酌情增减单项。损益表每个月记录1次，通过对每次记录的观察，可随时掌握鸡场的经营状况。

2. 资产负债表分析法

利用资产负债表对鸡场进行经济分析，一方面可以了解自己鸡场资产价值的多少，是否赢利；另一方面当准备往自己的鸡场注入新的资金时，可以帮助养鸡场（户）了解是否有足够的资金投资到房舍和其他基础建设当中。应当注意的是，在新项目建设前，首先应搞好施工预算，一定要量力而行，不要盲目投资，避免开工后资金不足或者资金周转不灵，导致工程延期或停滞。

3. 毛利润分析法

该分析法是鸡场常用的一种经济分析方法，以1批鸡为单位计算较为方便，养鸡场只要做好毛利润计算，就能不断地检查自己鸡场的财务和技术状况。这种分析方法不仅可以与自己经营其他项目的赢利情况进行纵向比较，而且还可以与其他鸡场的经济效益情况进行横向比较。

二、生产成本分析

1. 生产成本

（1）固定成本 鸡场的固定资产包括鸡舍、鸡笼、饲养设备、运输工具及生活设施等，其特点是使用时间长，以完整的实物形态参加多次生产过程，并可以保持其固有的物质形态，只是随着本身的损耗将价值转移到产品中去，以折旧费方式支付。这部分费用和土地税、机械贷款的利息、职工工资、退休金、管理费用等组成固定成本。一般房舍的使用年限为15~20年。

（2）可变成本 可变成本又称流动资金，指在生产和流通过程中使用的资金，其特点是只参加一次生产过程就被消耗掉，如饲料、鸡苗、兽药、临时工、水电等。它随生产规模、产品的产量变化而变化。

【提示】

生产成本的高低是衡量设备利用程度、劳动组织是否合理、饲养管理技术好坏、鸡生产能力高低的一个重要指标。只有合理组织生产，充分利用设备，科学饲养管理，才能降低养鸡的生产成本，提高经济效益。

2. 支出项目

（1）工资 指直接从事养鸡生产人员的工资、津贴、补贴，不包括其他发给职工个人而不属于工资总额范畴的款项。

（2）雏鸡费 用于购买雏鸡的支出。

（3）饲料费 指养鸡生产过程中各鸡群实际耗用饲料的费用，外购的按购买价加运杂费计算，自产的饲料按当地市场平均价格计算。

（4）医药费 指用于疾病防治的各种疫苗费、药品费、消毒剂费、检验费、化验费、专家咨询费等。该费用按实际发生金额计入成本核算对象。

（5）维修管理费 包括鸡舍维修及设备维修费、人员管理费用、燃料费、动力费、水电费、水资源费，一般按折旧费的10%计算。

（6）固定资产折旧费 一般价格100元以上的资产属于固定资产，包括土建折旧费和设备折旧费。

【提示】

土建折旧费要根据土建部分的质量确定折旧年限，大型鸡场一般20年左右折旧完。农村养鸡专业户利用旧房舍，一般不算折旧费。设备折旧费一般根据情况按8～10年折旧。

（7）贷款利息费 许多鸡场的投资中有一部分是贷款，生产成本中应摊销全部贷款利息。

（8）低值易耗品费 指价值低的工具、器材、劳保用品、垫料等易消耗品的费用。

三、确定经济核算的成本临界线

1. 鸡蛋生产成本临界线

鸡蛋生产成本临界线 =（饲料价格 × 日耗料量）/（饲料费占总费用的百分比 × 日均产蛋重）。如某鸡场每只蛋鸡日均产蛋重为48克，饲料价格为每千克2.5元，饲料消耗量为110克/（天·只），饲料费占总成本的比率为65%。该鸡场每千克鸡蛋的生产成本临界点为：鸡蛋生产成本临界线 =（2.5 ×110）/（0.65 ×48）= 8.81。这表明每千克鸡蛋平均价格达到8.81元，鸡场可以保本，市场销售价格高于8.81元/千克时，该鸡场才能赢利。根据上述公式，如果知道市场蛋价，也可以计算鸡场最低日均产蛋重的临界点。鸡场日均产蛋重高于此点即可赢利，低于此点就会亏损。

2. 临界产蛋率分析

临界产蛋率 =（每千克蛋的枚数 × 饲料单价 × 日耗饲料量）/（饲料费占总费用的百分比 × 每千克鸡蛋价格）× 100%。鸡群产蛋率高于此线即可赢利，低于此线就要亏损，可考虑淘汰处理。

第三节　提高经济效益的主要途径

一、选购良种蛋鸡

选择确定饲养蛋鸡的良种品系，是提高养鸡经济效益的重要措施之一。在选购良种时，应选择当地饲养量大，生产表现好的鸡种饲养，切不可求新求异，由于不了解品种在当地的适应性而造成失败。其次，应选购有一定饲养规模，饲养管理条件好的厂家的鸡苗，切不可求便宜，购买无种鸡来源、小炕房孵化的鸡苗。同时，对购进的雏鸡，要根据不同周龄进行科学育雏、精心培育，按时进行公母分群，及时淘汰剔除发育不良的劣质鸡、低产鸡和病弱鸡。

二、科学饲养管理

一是抓好育雏关，培育优质健壮的雏鸡。大量研究证明，雏鸡的体重与产蛋期的各主要性能指标呈很强的正相关。二是育成期要重点抓体重控制，提高鸡群均匀度。实践表明，16 周龄的均匀度与产蛋的持久性及成活率呈正相关。三是产蛋期要以提供稳定的生产环境和防止鸡体过肥为重点。鸡体过肥，会造成大量的脂肪侵入生殖腺，影响滤泡的发育和其他生殖腺体的分泌功能，导致产蛋量下降。蛋鸡对外界各种应激因素特别敏感，一旦受到刺激，就会发生应激反应，造成生理机能紊乱，使产蛋量下降，死亡率上升。

三、科学光照管理

良好的光照程序，可以促进蛋鸡多产蛋，增加蛋重，提高蛋鸡成活率。产蛋鸡舍的光照强度一般控制在 10～20 勒克斯，产蛋期不可减少光照时间和强度。

四、创造适宜环境

要让产蛋鸡多产蛋，就必须给鸡创造一个适宜的生长和产蛋环境，要根据不同季节的变化规律，采取相应的配套的饲养管理措施。在夏季高温高湿季节，要注意做好防暑降温，加强舍内通风，保持干燥的环境卫生，提供充足清洁的饮水。冬季要特别注意做好鸡舍的防寒保温和人工补充光照，舍内温度应维持在 13℃ 以上，光照 15～16 小时，不饮冰冷水。

五、减少饲料浪费

养鸡生产中饲料的费用支出约占整个养鸡费用的 70% 以上。若饲养管理不当，必然会造成饲料的大量浪费。据统计，因饲料添加过多造成浪费的占 5%～6%，饲槽设计安装不科学浪费饲料的占 10%～12%，鼠、雀和虫食约占 7%，鸡采食流失占 5% 左右。减少饲料浪费的措施有：适时调整饲料槽的安装高度、深度、长度，饲料添加量不能超过槽深的 1/3，要少喂勤添，减少槽内剩食；断喙；及时淘汰不产蛋鸡或产蛋性能不佳的鸡。

六、科学配制日粮

日粮配制不合理，一是日粮营养不全面，导致有的营养成分过多而浪费，有的营养成分过少而营养不足，从而影响产蛋率。二是易加大饲料配方成本，不能因地制宜随时调配当地饲料原料。三是不能满足不同产蛋季节对能量和各种营养物质的需要，如夏季饲料配方的代谢能要比冬季配方低，否则不仅浪费饲料，而且影响鸡的新陈代谢和采食率。因此，采取科学的日粮配方是提高饲料转化率的一条重要措施。

七、加强疾病防治

减少死鸡和杜绝疫情发生，是养鸡成败的关键。按照卫生防疫程序，根据不同鸡的日龄，分别注射各种疫苗，同时对鸡舍、用具采取定期药物消毒，及时清除舍内粪便，鸡舍周围要做好灭鼠，防止老鼠和麻雀进入舍内带进疫情。为了减少疫情传播的机会，应尽可能减少人员的进出，不准陌生人进入鸡舍，谢绝参观，以确保鸡场安全经营。

八、管理精打细算

要充分利用鸡粪喂猪、喂鱼或发酵加工后再喂鸡，以降低饲料成本，同时对舍内笼具、用具、容器要做好维修和养护，延长使用年限，降低养鸡成本，以获取较高经济效益。

第十二章
养殖模式实例

第一节 标准化养殖模式实例（蛋鸡“124”养殖模式）

据报道，湖北省农业科学院畜牧兽医研究所等单位提出的蛋鸡“124”标准化养殖模式，已作为湖北省农业生产主推技术在全省进行推广应用。

1. 模式内涵

1 栋全封闭式鸡舍，层叠式笼养蛋鸡 2 万只以上，采用喂料机、集蛋机、传送带清粪机、湿帘风机配套进行蛋鸡高效健康生产。

2. 模式特点

（1）鸡舍环境优，养殖污染少 采用该养殖模式进行蛋鸡生产，鸡舍内生产环境适宜，能确保蛋鸡生产的高产、稳产。采用传送带清粪工艺，鸡粪日产日清，全程不落地，容易收集，便于销售，实现鸡粪零污染，解决了长期以来鸡舍养殖环境难于治理、污染严重等问题，鸡粪变废为宝。

（2）生产效率高，产品有保障 在该模式下，1 栋 750 米^2 的鸡舍可饲养蛋鸡 2 万多只，饲养密度是传统生产方式的 2 倍以上。而且，由于采用 4 机配套进行生产，1 人可轻松管理 2 万多只蛋鸡，劳动效率较传统养殖提高 2 倍左右，人工成本显著降低，可完全按照“全进全出”制度进行蛋鸡生产，极大降低鸡群发病和用药概率，可以保障蛋品质量安全，实现蛋鸡产品“无抗”“无药残”。

（3）投资适宜，便于推广 1 栋蛋鸡舍和设备的总投资约 80 万元，单只鸡投资成本不足 40 元，加上生产周转金，1 栋鸡舍需要 150 万元左右，投资水平在多数蛋鸡养殖户的承受范围内，具有推广的可行性。

（4）符合产业趋势，便于专业化经营 该模式是我国蛋鸡由中小规模向高度集约化发展的过渡，符合当前蛋鸡生产由小规模向大规模，粗放型经营向规范化生产，生产条件与设施由简陋向机械化、自动化发展的规律。该模式提倡两段式饲养，有利于蛋鸡生产者专心致志地从事蛋鸡养殖，提高蛋鸡精细化、专业化生产，推进蛋鸡产业之间协同发展，实现合作共赢，提升产业素养。

3. 生产要点

（1）养殖品种定向 养殖户应结合消费市场要求优先选择高产褐壳、粉壳、白壳、绿壳蛋鸡品种。在引进鸡苗时，选择规模大、信誉好、质量可靠的种鸡企业，以确保蛋鸡质量。

（2）养殖规模适中 该模式中1栋蛋鸡舍的养殖规模为2万只以上，并不意味着单栋蛋鸡养殖数量可以无限扩大。从当前我国中小规模蛋鸡养殖户偏多的生产实际及养殖户的接受程度，单栋2万~5万只是比较适合的规模。通常情况下，按照舍长74米，舍宽9.5米，檐高3.8米，每组240只，三列四层布局可养殖蛋鸡2万多只。增加舍长和扩大舍宽可增加蛋鸡养殖数量至3万~5万只，但单栋规模以5万只以内为宜。

（3）设备配套齐全 由于该模式下蛋鸡养殖数量增加，因此其对蛋鸡生产的设备要求也相应提高。通常情况下，除应用层叠式笼养设备外，需配备自动喂料机、传送带清粪机、湿帘风机、集蛋机等设备，从而提高生产效率，减少工作强度，降低环保风险。

（4）“两段式”生产，无抗养殖 在蛋鸡生产全过程，按照“两段式”生产方式进行生产，即前期集中育雏育成，后期层叠式笼养生产。按照“两段式”生产对降低养殖成本、提高产蛋性能、预防疫病发生具有非常重要的意义。疾病发生率低，便于使用微生态制剂和中草药等替代抗生素或化学合成兽药进行蛋鸡的疾病防控和日常保健，实现蛋鸡无抗生产。

（5）精细化管理，资源化利用 随着蛋鸡养殖规模的增加，该养殖模式下的蛋鸡需要更为精细地生产管理才可以充分发挥其产蛋潜能，这就需要养殖户认真做好蛋鸡生产过程中的温度、湿度、光照等调节，尤其是要处理好夏季高温防暑和冬季通风换气工作，确保蛋鸡生产的高效高产。同时，在利用传送带清粪的基础上，蛋鸡养殖户可采用好氧发酵工艺对鸡粪进行无害化处理，资源化利用，实现蛋鸡生产绿色发展。

第二节　生态养殖模式实例

一、蛋鸡生态牧养模式

据报道，贵州省安顺市畜牧技术推广站等单位，在境内的沪昆等高速沿线的荒山、荒坡上大力实施绿壳蛋鸡生态牧养示范基地建设项目，取得了不错的成绩。

1. 总体介绍

（1）利用疏林地、幼林地开展林下牧养绿壳蛋鸡　选择土壤、大气、水质条件较好的林地建场并种植牧草，制作别墅式小鸡舍（6 米^2/个），均匀摆放，每亩（1 亩≈666.7 米^2）林地放置 2～4 个，每个鸡舍饲养 36～40 只。每亩饲养蛋鸡 70～156 只为宜，根据天气情况确定放养时间，每天放养 1～2 小时为宜。

（2）利用荒山荒坡开展生态牧养绿壳蛋鸡　选择土壤、大气未受污染、水质符合饮水标准的荒山荒坡，种草种树，制作别墅式小鸡舍（6 米^2/个），均匀摆放，每亩放置 2～4 个，每个鸡舍饲养 36 只（母鸡 35 只）。每亩饲养蛋鸡 70～156 只为宜，根据天气情况确定放养时间，每天放养 1～2 小时为宜。

2. 技术要点

（1）饲养品种　长顺绿壳蛋鸡。

（2）设施设备　别墅式小鸡舍内设沙浴池、鸡休息室、产蛋箱、自动净化饮水器、饲料存放箱等；集粪设备。

（3）饲养管理和疫病防控

1）饲养管理。每周添加 1 次饲料；每天上下午各收集 1 次鸡蛋并观察鸡群；每月收集 1 次鸡粪；自由饮水，自由采食。

2）疫病防控。育雏育成期内完成预防免疫；产蛋期内应用生物综合防控技术防控疫病，以饲用益生素、复合酶、微生态制剂添加饲喂，提高鸡只体质和抗病力；根据鸡的不同阶段，定期用不同的中草药补充添饲预防疾病；定期全场消毒，进出车辆、人员严格消毒。

（4）养殖废弃物处理　鸡粪收集后送到鸡粪有机肥加工厂进行无害化处理。将鸡粪进行发酵及相关技术处理成有机肥料，其无臭味、无有害菌、不含杂质和对作物生长发育有害的成分，对环境友好，生产过程也无污染。这样形成了“畜禽养殖→粪便无臭化无害化处理→有机肥料生产→有机玉米种植→有机玉米收购→饲料加工→畜禽养殖→优质禽蛋生产”的有机循环生产产业链，有效地保护了生态环境。

3. 主要特点及优势

（1）提升鸡蛋产品质量 应用生态牧养方式饲养绿壳蛋鸡，选择比较偏远和无污染的林地、荒山荒坡建场，空气清新，水质较好，鸡只体质较好，抗病力强，基本上不发生疫病，鸡蛋质量得到提升，能通过‘绿色”甚至“有机”认证。

（2）提升“健康鸡产健康蛋”的理念 在饲养环境选择、饲养设施设备设计、饲料营养调控方面推行“以鸡为本”，将动物福利与食品安全有机结合，充分利用林地、荒山荒坡、气温、空气、土壤、水等环境因素较好的条件，生产中、高端鸡蛋产品。

（3）创造石漠化治理新模式 选择石漠化地区开展绿壳蛋鸡生态牧养，通过种草种树，创造良好的饲养环境，从而达到林、地、草、鸡四者和谐，既提高了蛋鸡的生产水平和产品质量，又探索出石漠化治理的新模式，把石漠化地区的资源劣势转化为资源优势，并最终成为经济优势。

二、发酵床养殖模式

据报道，湖南省桃源县畜牧兽医水产局、中国科学院亚热带农业生态研究所等单位，与湖南茂盛农业科技公司合作在湖南常德推广应用非接触式发酵床饲养蛋鸡技术，取得了显著成效。

1. 非接触式发酵床饲养蛋鸡的流程

（1）主要硬件设备 主要硬件设备有专用蛋鸡舍、饮水装置、蛋鸡笼、采食槽，鸡笼支撑架、垫料槽、自动翻耙式搅拌机及驱动固定轨道、自动喂料机、对流式换气扇、降温水帘、充电器。

（2）发酵垫料槽及垫料制作 发酵垫料槽采用地下式，垫料槽高80～90厘米，宽175～210厘米，槽由外墙、边墙围成。垫料槽成形后，用水泥抹面，以防地下水进入发酵垫料槽。槽内装有发酵垫料，垫料层厚30厘米。垫料原料采用无污染锯末，同时添加发酵菌种（0.2～0.4千克/米^3）。自动翻耙式搅拌机轨道固定在边墙上。鸡舍四周排沟底面低于发酵垫料槽底面30厘米。

（3）自动翻耙式搅拌机 翻耙式搅拌机可在发酵垫料槽轨道上往返

运动。翻耙式搅拌机每天翻耙的次数参考蛋鸡鸡龄和季节而定。蛋鸡40日龄前，采食量低时每天翻动1次，到105日龄后排泄量增大，翻动的次数增加到2~3次。夏天天气炎热，蛋鸡排泄量大，需要相应增加翻动频次。

（4）发酵床垫料的发酵菌种和营养素的补给 鸡粪在发酵过程中，发酵菌降解鸡粪一段时间，菌群发生一定变化，需要固态菌种3~4个月补充1次（0.1~0.2千克/米^3），液态菌种每个月补充5~7天（以1万羽蛋鸡计算，2升/天）。发酵菌降解鸡粪时需要消耗垫料中的营养素，因此，需要在饲料或饮水中添加发酵菌需要的营养素，每个月补充5~7天。补充的发酵菌主要以各种好氧的有益菌为主，它们不能在肠道中长期停留，但能短时间在消化道内大量繁殖，消耗肠道中氧气，抑制有害菌繁殖，并产生大量的消化酶，提高了饲料转化率。

（5）定期补换垫料 垫料补充有三种情况。第一种是生产中垫料的损耗，应根据垫料下沉情况和蛋鸡粪便色泽变化随时补充发酵床垫料；第二种是发酵床垫料随淘汰鸡一同更换，进行全方位清理消毒，数周后下一批蛋鸡上笼；第三种是发酵床垫料要使用多年，随着每批鸡淘汰后进行正常的消毒操作。消毒剂把垫料表面的益生菌部分杀死，消毒剂药效过后，适当补充少量发酵菌，并对垫料进行堆积发酵，即可再次使用。

（6）发酵床鸡舍消毒 发酵床鸡舍消毒是饲养蛋鸡的关键。尽量使用易降解消毒剂。消毒剂消毒时对垫料进行覆盖保护，尽管消毒时会部分落到垫料表面造成一些发酵菌死亡，但垫料下部菌群是安全的，消毒剂时效过后，垫料内部的菌群可快速繁殖，可保证发酵床垫料正常分解蛋鸡排泄物。

（7）加强卫生防疫 蛋鸡养殖防病、治病程序与普通养殖方式基本相同。一是利用蛋鸡疫苗防疫程序，提前做好疫苗免疫；二是普通病（肠炎、输卵管炎）用益生菌和中药进行调理即可，尽量不用或少用抗生素。用抗生素治疗传染病后1周，在发酵床补充部分液态菌种和固态菌种。

2. 非接触式发酵床饲养蛋鸡的优势

有效解决养殖场环境污染问题；减少蛋鸡疾病；提高蛋鸡生产性能；节省劳力；可进行高密度养殖；产生了优质的有机肥。

参考文献

[1] 王艳丰，张丁华. 蛋鸡健康养殖与疾病防治宝典［M］. 北京：化学工业出版社，2015.

[2] 李慧芳，章双杰，赵宝华. 蛋鸡优良品种与高效养殖配套技术［M］. 北京：金盾出版社，2015.

[3] 孙从佼，秦富，杨宁. 2018 年蛋鸡产业发展概况、未来发展趋势及建议［J］. 中国畜牧 杂志，2019，55（3）：119-123.

[4] 王东雪，赵云焕. 不同品种蛋鸡的产蛋规律［J］. 家禽科学，2019（8）：25-26.

[5] 闫振宇，孙养学. 我国鸡蛋价格波动规律及影响因素分析［J］. 统计与决策，2018，34（19）：150-154.

[6] 贺晓霞. 蛋鸡规模化健康养殖彩色图册［M］. 长沙：湖南科学技术出版社，2016.

[7] 王克敏，吕建国，刘文科. 蛋鸡简约化养殖技术［M］. 石家庄：河北科学技术出版社，2016.

[8] 席克奇，牛世彬，王永仁，等. 家庭科学养鸡［M］. 北京：金盾出版社，2009.

[9] 史延平. 家禽生产实用技术［M］. 北京：中国经济出版社，2003.

[10] 黄炎坤. 蛋鸡场标准化示范技术［M］. 郑州：河南科学技术出版社，2014.

[11] 蒲跃进，徐小娟，蔡传鹏，等. 湖北省蛋鸡“124”标准化养殖模式鸡舍建设及生产要点［J］. 湖北畜牧兽医，2018，39（11）：25-28.

[12] 密国辉，孟惠惠，张勇，等. 安顺市绿壳蛋鸡生态牧养模式的推广应用［J］. 当代畜牧，2015（24）：1-2.

[13] 简春盛，邹爱华，侯海军. 常德市非接触式发酵床养殖蛋鸡技术应用与推广［J］. 湖南畜牧兽医，2016（5）：7-9.

[14] 沈新朝，韩文格. 浅析鸡舍灰尘的危害与防控［J］. 北方牧业，2019（12）：22.

[15] 宁中华. 节粮型蛋鸡饲养管理技术［M］. 2 版. 北京：金盾出版社，2013.

[16] 薛凤蕊，李逸波，王红，等. 机械化、半机械化和人工养殖蛋鸡成本效益分析［J］. 今日畜牧兽医，2015（5）：40-43.

书　目

书　名	定价	书　名	定价
高效养土鸡	29.80	高效养肉牛	29.80
高效养土鸡你问我答	29.80	高效养奶牛	22.80
果园林地生态养鸡	26.80	种草养牛	29.80
高效养蛋鸡	19.90	高效养淡水鱼	25.00
高效养优质肉鸡	19.90	高效池塘养鱼	29.80
果园林地生态养鸡与鸡病防治	20.00	鱼病快速诊断与防治技术	19.80
家庭科学养鸡与鸡病防治	35.00	鱼、泥鳅、蟹、蛙稻田综合种养一本通	29.80
优质鸡健康养殖技术	29.80	高效稻田养小龙虾	29.80
果园林地散养土鸡你问我答	19.80	高效养小龙虾	25.00
鸡病诊治你问我答	22.80	高效养小龙虾你问我答	20.00
鸡病快速诊断与防治技术	29.80	图说稻田养小龙虾关键技术	35.00
鸡病鉴别诊断图谱与安全用药	39.80	高效养泥鳅	16.80
鸡病临床诊断指南	39.80	高效养黄鳝	25.00
肉鸡疾病诊治彩色图谱	49.80	黄鳝高效养殖技术精解与实例	25.00
图说鸡病诊治	35.00	泥鳅高效养殖技术精解与实例	22.80
高效养鹅	29.80	高效养蟹	25.00
鸭鹅病快速诊断与防治技术	25.00	高效养水蛭	29.80
畜禽养殖污染防治新技术	25.00	高效养肉狗	35.00
图说高效养猪	39.80	高效养黄粉虫	29.80
高效养高产母猪	35.00	高效养蛇	29.80
高效养猪与猪病防治	29.80	高效养蜈蚣	16.80
快速养猪	35.00	高效养龟鳖	19.80
猪病快速诊断与防治技术	29.80	蝇蛆高效养殖技术精解与实例	15.00
猪病临床诊治彩色图谱	59.80	高效养蝇蛆你问我答	12.80
猪病诊治160问	25.00	高效养獭兔	25.00
猪病诊治一本通	25.00	高效养兔	29.80
猪场消毒防疫实用技术	25.00	兔病诊治原色图谱	39.80
生物发酵床养猪你问我答	25.00	高效养肉鸽	29.80
高效养猪你问我答	19.90	高效养蝎子	25.00
猪病鉴别诊断图谱与安全用药	39.80	高效养貂	26.80
猪病诊治你问我答	25.00	高效养貉	29.80
图解猪病鉴别诊断与防治	55.00	高效养豪猪	25.00
高效养羊	29.80	图说毛皮动物疾病诊治	29.80
高效养肉羊	35.00	高效养蜂	25.00
肉羊快速育肥与疾病防治	25.00	高效养中蜂	25.00
高效养肉用山羊	25.00	养蜂技术全图解	59.80
种草养羊	29.80	高效养蜂你问我答	19.90
山羊高效养殖与疾病防治	35.00	高效养山鸡	26.80
绒山羊高效养殖与疾病防治	25.00	高效养驴	29.80
羊病综合防治大全	35.00	高效养孔雀	29.80
羊病诊治你问我答	19.80	高效养鹿	35.00
羊病诊治原色图谱	35.00	高效养竹鼠	25.00
羊病临床诊治彩色图谱	59.80	青蛙养殖一本通	25.00
牛羊常见病诊治实用技术	29.80	宠物疾病鉴别诊断	49.80